Formänderungen von Stahlbetonstützen unter exzentrischer Druckkraft

von

Dr. sc. techn. Urs Hans Oelhafen

Institut für Baustatik
Eidgenössische Technische Hochschule Zürich

Zürich

Oktober 1970

ISBN 978-3-0348-4053-8   ISBN 978-3-0348-4126-9 (eBook)
DOI 10.1007/978-3-0348-4126-9

VORWORT

Zur Berechnung der Traglast und der Verformung von zentrisch
und exzentrisch belasteten Stützen sind die Gleichgewichtsbedingungen am deformierten System zu formulieren (Theorie
2. Ordnung). Dabei spielt der Zusammenhang zwischen den
Schnittkräften und den Verformungen eine entscheidende Rolle.

Die vorliegende Untersuchung wurde von Herrn U. Oelhafen als
Dissertation (Referent Prof. Dr. B. Thürlimann, Korreferent
Prof. Dr. A. Linder) ausgearbeitet. Zuerst wird als zentrale Beziehung für alle weiteren Berechnungen der Zusammenhang
zwischen Axialkraft, Moment und Krümmung von Stahlbetonstützen hergeleitet. Für Beton und Stahl werden nichtlineare
Spannungs-Dehnungsfunktionen verwendet. Das Kriechen des
Betons wird durch eine nichtlinear-spannungsabhängige Kriechfunktion berücksichtigt, die für alle Belastungsgrade eine
wirklichkeitsnahe Erfassung der Kriechverformungen erlaubt.
Die Zuverlässigkeit einer Verformungsprognose wird durch die
unvermeidlichen Streuungen der Materialeigenschaften und
Querschnittswerte begrenzt. Bei einer Beschränkung auf
stochastische Abweichungen gelingt es, mit Hilfe statistischer
und wahrscheinlichkeitstheoretischer Betrachtungen sowohl auf
die Vertrauensgrenzen der Momenten-Krümmungsbeziehungen als
auch des Verlaufes der Biegelinie zu schliessen. Die entsprechenden numerischen Verfahren sind aufwendig und erfordern
den Einsatz eines Computers.

Eidgenössische Technische   Prof. Dr. Bruno Thürlimann
Hochschule - Zürich

September 1970

INHALTSVERZEICHNIS

Seite

Seite

1. EINLEITUNG

Baustatik und Festigkeitslehre sollen dem Ingenieur die
Planung von wirtschaftlichen und sicheren Tragwerken er-
möglichen. Diese Aufgabe kann mit den konventionellen
Berechnungsmethoden nur unbefriedigend gelöst werden.
Die im allgemeinen einfache Handhabung dieser Verfahren
wird durch weitgehende Idealisierungen erkauft, die das
tatsächliche Tragverhalten nur unvollständig - oder überhaupt nicht - zu beschreiben vermögen.

Die konventionelle Bemessungspraxis im Stahlbetonbau be-
ruht im wesentlichen auf folgenden Voraussetzungen:

1. Die Formänderungen und Schnittkräfte werden mit den
   Steifigkeitswerten des ungerissenen Betonquerschnittes
   (Stadium I) berechnet. Für das ganze System wird ela-
   stisches Verhalten angenommen.

2. Die Bemessung der Querschnitte erfolgt für den gerissenen Zustand (Stadium II). Für Stahl und Beton wird elastisches Verhalten angenommen. Die Bemessung erfolgt
   auf zulässige Spannungen.

Die Risslast wird oft schon im Gebrauchszustand erheblich
überschritten. Dabei bewirkt der teilweise Ausfall der
Betonzugzone eine bedeutende Steifigkeitsabnahme. Diese
Tatsache allein genügt, die erste Voraussetzung aufzuge-
ben, wenn es sich um die Berechnung von Formänderungen
handelt.

Um die Sicherheit einer Bemessung gegen ein Versagen des
Tragwerks zuverlässig abschätzen zu können, ist eine rech-
nerische Ermittlung der tatsächlichen Tragfähigkeit des
Systems erforderlich. Unter den genannten Voraussetzungen

ist ein Tragfähigkeitsnachweis jedoch nicht möglich. Das
Einbeziehen der plastischen Berechnungsverfahren in die
Bemessungspraxis bedeutete daher eine wesentliche Erwei-
terung der elastischen Bemessungsverfahren (z.B. [1]).

Die Berechnungsmethoden der Plastizitätstheorie setzen
im allgemeinen einen elastisch-ideal-plastischen Zusammenhang zwischen Moment und Krümmung voraus. Trotz dieser
Idealisierung des tatsächlichen Verhaltens ist in vielen
Fällen (Durchlaufträger, Platten) eine zuverlässige Trag-
lastberechnung möglich. Dabei ist unwichtig, ob der ideal-
plastische Zustand über die elastische Gerade oder über
eine nichtlineare Beziehung erreicht wird. Für die Traglast ist in diesen Fällen nur die Tatsache von Bedeutung,
dass sich plastische Verformungen (plastische Gelenke,
Bruchlinien) und damit Schnittkraftumlagerungen überhaupt
einstellen können.

Für die Berechnung der Traglast von Stützen ist die Annahme einer elastisch-ideal-plastischen Momenten-Krümmungs-
charakteristik nicht mehr zulässig. Besonders bei schlanken
Stützen sind die Schnittkräfte von den Formänderungen abhängig (Theorie zweiter Ordnung). Nur mit wirklichkeitsna-
hen Beziehungen zwischen Deformationen und Schnittkräften
ist es möglich, die Traglast von Stützen mit einer vernünf-
tigen Genauigkeit zu berechnen. In den Formänderungsbezie-
hungen müssen daher neue Erkenntnisse der Materialtechno-
logie berücksichtigt werden. Streuungen der Materialeigenschaften, nichtlinearer Spannungs-Dehnungs-Zusammenhang,
durch Rissbildung bedingtes diskontinuierliches Formände-
rungsverhalten sowie Zeitabhängigkeit der Verformungen
sind einige Aspekte, die bisher oft zu wenig oder überhaupt nicht berücksichtigt wurden.

Bild 1.1 zeigt ein Stabelement der Länge Δl, das durch die
Schnittkräfte M und P beansprucht und verformt wird.

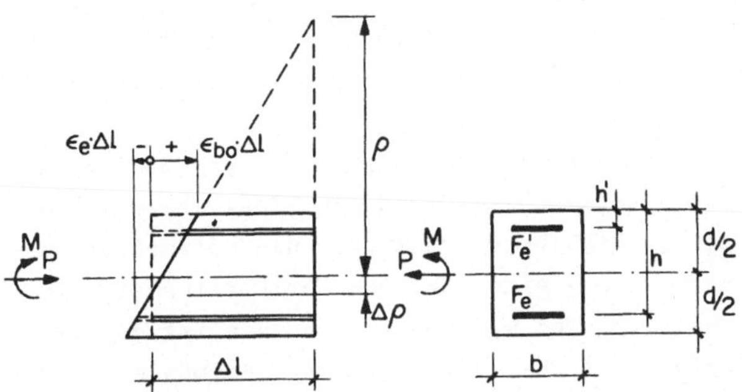

Bild 1.1 : Geometrischer Zusammenhang zwischen Dehnungen
ϵ_{bo}, ϵ_e und Krümmungsradius ρ am Stabelement.

Zwischen der Krümmung $\frac{1}{\rho}$ und den Dehnungen ϵ_{bo} und ϵ_e besteht nach Bild 1.1 ein geometrischer Zusammenhang:

$$\frac{\Delta l}{\rho + \Delta\rho} \cong \frac{\Delta l}{\rho} = \frac{\Delta l(\epsilon_{bo} - \epsilon_e)}{h} \qquad (1.1)$$

Mit $\phi = \frac{1}{\rho}$ folgt aus (1.1) :

$$\phi = \frac{\epsilon_{bo} - \epsilon_e}{h} \qquad (1.2)$$

Die Krümmung ϕ ist von den Schnittkräften M und P abhängig:

$$\phi = f (M, P, k) \qquad (1.3)$$

Der Parameter k deutet stellvertretend die Abhängigkeit
der Krümmung von den geometrischen Querschnittswerten
und den teilweise zeitabhängigen Materialeigenschaften an.

Der Momenten-Krümmungs-Zusammenhang (M - ϕ - Beziehung)
darf als die wesentlichste Grundlage einer Theorie zweiter Ordnung für Stahlbetonkonstruktionen betrachtet werden. Die Entwicklung einer Methode zur Bestimmung zuverlässiger theoretischer M - ϕ - Beziehungen ist das Ziel
dieser Arbeit. Versuchsmässig bestimmte Formänderungsge-
setze dienen dabei als Grundlage. An einigen Versuchsstützen wird die Uebereinstimmung der theoretischen mit
den gemessenen Krümmungen und Durchbiegungen untersucht.

Der Einfluss einer Querkraft auf die Krümmung ist ein kom-
plexes Problem und wird in dieser Arbeit nicht untersucht.
Bei Stützen darf dieser Einfluss sicher vernachlässigt
werden, da keine oder nur unbedeutende Querbelastungen
auftreten. Bei Balken jedoch können die Verformungen durch
Querkräfte wesentlich beeinflusst werden (siehe [2], [3]).

2. BEGRIFF DER KRUEMMUNG

2.1 Lokale Krümmung und nominelle Krümmung

Bei gerissenen Stahlbetonelementen sind die Deformationen
hauptsächlich auf die Riss-Bereiche konzentriert. Die
Stauchungen am Betondruckrand und vor allem die Stahldehnungen steigen in der Umgebung der Rissquerschnitte
stark an (Bild 2.1).

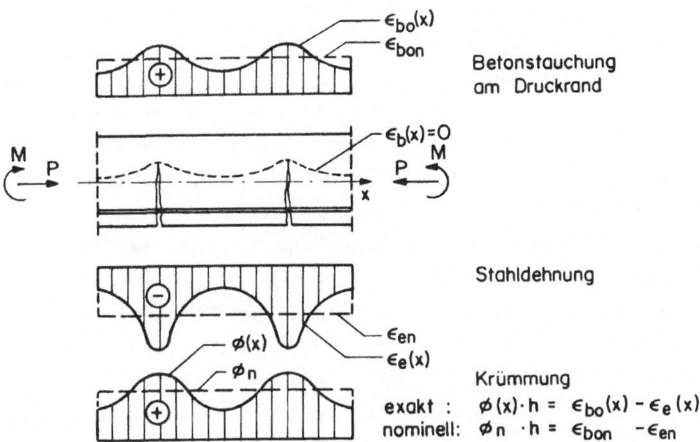

Bild 2.1 : Dehnungs- und Krümmungsverlauf im Bereich von Biege-
rissen.

Die üblichen Rechenannahmen für das Stadium II vernachlässigen eine Mitwirkung des Betons auf Zug. Diese Voraussetzung ist aber nur im Rissquerschnitt annähernd erfüllt. Zwischen den Rissen überträgt die Zugarmierung

durch Haftspannungen einen grossen Teil der Stahlkraft
auf den Beton. Das Mitwirken des Betons zwischen den Rissen hat in diesem Bereich eine Vergrösserung der Quer-
schnittssteifigkeit zur Folge. Die Dehnungen $|\varepsilon_e(x)|$ und
die Stauchungen $\varepsilon_{bo}(x)$ erreichen daher in der Mitte zwischen zwei Rissen ein Minimum.

Die Probleme der Rissbildung und des Zusammenwirkens von
Beton und Stahl sind verwickelt. Sie wurden bis heute
noch nicht restlos geklärt. Wesentliche Beiträge zu diesen
Fragen sind in den Arbeiten [2][3][4][5] und [6] zu finden.
Die Frage der Mitwirkung der Betonzugzone wird in Abschnitt
5.1 noch eingehender behandelt.

Nach der Beziehung (1.2) wird die Krümmung ϕ aus der
Differenz der Dehnungen ε_e und ε_{bo} ermittelt. Aus Bild 2.1
ist ersichtlich, dass dieser Wert im Bereich zwischen
zwei Rissen stark variiert, obwohl das angreifende Moment
M konstant ist. Es ist offensichtlich, dass zwischen dem
Moment und der Krümmung - berechnet aus den lokalen Dehnungen - kein einfacher Zusammenhang besteht. Der Begriff
der Krümmung wurde jedoch mit der Absicht eingeführt, eine Grundlage für Verformungsberechnungen (Durchbiegungen,
Knotendrehungen) zu schaffen. Von Interesse sind daher
nicht die Lokalwerte der Krümmungen, sondern ihr Integral
über grössere Bereiche der Stabaxe. Mit bekannten Dehnungs-
mittelwerten ε_{bon} und ε_{en} über die Länge einiger Rissabstände ist es dann möglich, eine mittlere Krümmung ϕ_n zu
definieren, deren Integral mit jenem der lokalen, tatsächlichen Krümmung übereinstimmt und die mit dem Moment in
einem direkten Zusammenhang steht:

$$\phi_n = \frac{\varepsilon_{bon} - \varepsilon_{en}}{h} = f\,(M,\ P,\ k) \qquad (2.1)$$

Diese nominelle Krümmung darf dann selbstverständlich nicht dazu verwendet werden, eine Aussage über den Lokalwert irgendeiner Krümmung oder Dehnung zu machen.

2.2 Dehnungsmessungen an Versuchsstützen - Streuungen der Messwerte

Am Institut für Massivbau an der ETH wurden in den letzten Jahren Langzeit-Versuche an einunddreissig Stahlbetonstützen durchgeführt [7]. Das Ziel dieser Versuche war, den Einfluss des Kriechens auf die Traglast und die Verformungen zu ermitteln. Im Rahmen dieses Versuchsprogramms wurden auch sechs Kurzzeitversuche durchgeführt.

Bild 2.2 zeigt den am häufigsten verwendeten Stützentyp (Schlankheitsgrad $\lambda = {}^1k/i = 100$) und die Positionen der Messpunkte. Die Stützen waren statisch bestimmt gelagert und wiesen eine gleichseitige konstante Endexzentrizität der angreifenden Last auf (Bild 2.3).

Für die folgenden Untersuchungen wurden vier Kurzzeitversuche (Abmessung wie Bild 2.2) herangezogen. Die Exzentrizität e wurde in den einzelnen Versuchen variiert ($\frac{e}{d}$ = 0.0333, 0.10, 0.25, 1.0).

In diesen Versuchen wurde die Last P in mehreren Stufen, bei konstanter Endexzentrizität e, bis zum Bruch gesteigert. Auf jeder Laststufe wurden während ungefähr 30 bis 45 Minuten die Durchbiegungen der Stützenaxe konstant gehalten. Diese Massnahme ermöglichte zuverlässige Dehnungsmessungen. Durch Relaxation des Betons und des Stahles bei höheren Laststufen trat ein deutlicher Abfall der Last P während der Messzeit auf. Die Dehnungsmessungen erfolgten mit mechanischen Deformetern über Messstrecken von 10 und 20 cm Länge. Die Ablese-

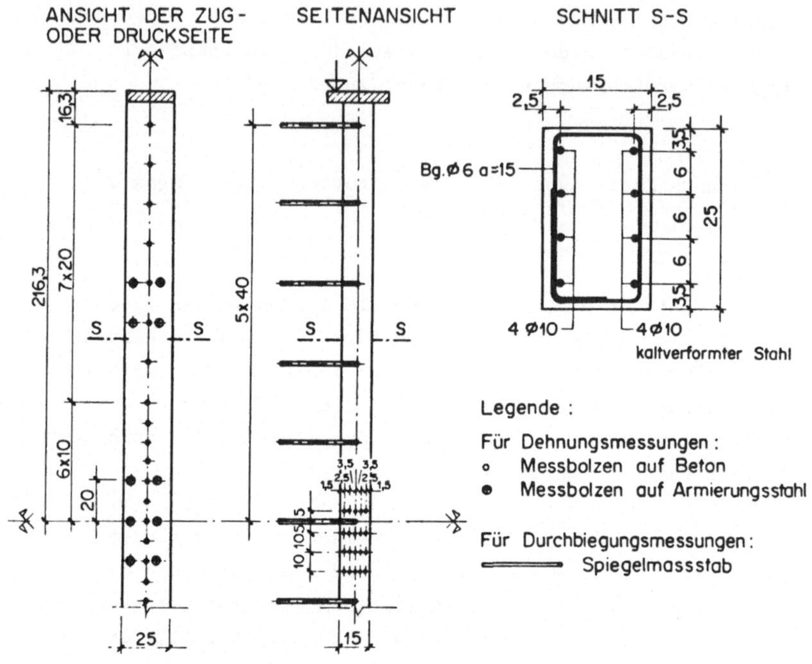

Bild 2.2 : Versuchsstütze mit Abmessungen und Positionen der Messpunkte. Dieser Stützentyp wurde für 25 Versuche verwendet [7].

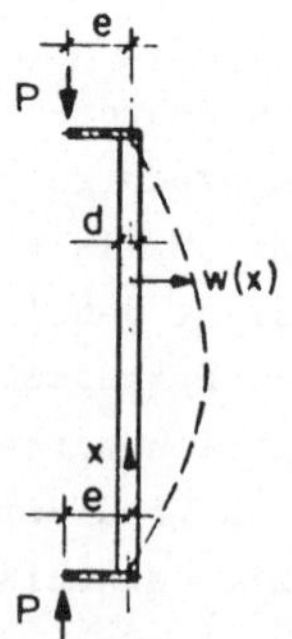

Bild 2.3 : Belastungsschema der Versuchsstützen [7].

genauigkeit betrug 1/1000 mm. Der Mittelbereich der Stützen
umfasste, sowohl auf der Zug- als auch auf der Druckseite,
je 12 Messstrecken von 10 cm Länge zur Messung der Betondeh-
nungen und je 4 Messstrecken von 20 cm Länge zur Messung der
Stahldehnungen. Da in sämtlichen Fällen das Moment in diesem
Bereich praktisch konstant war, musste auch die nominelle
Krümmung konstant sein.

Für die kleinste Exzentrizität (Fall 1 : $\frac{e}{d}$ = 0.0333) war der
ganze Querschnitt bis kurz vor dem Erreichen der Bruchlast
P_{max} vollständig gedrückt (keine Zugdehnungen). Bei der Exzentrizität $\frac{e}{d}$ = 0.10 (Fall 2) traf dies ebenfalls bis ca.
0.75 · P_{max} zu. Für grössere Exzentrizitäten (Fall 3 und 4)
traten Betonzugspannungen schon bei Belastungsbeginn auf, so
dass sich der Mittelbereich hauptsächlich im Stadium II befand.

Bei vollkommener Homogenität des Betons wäre zu erwarten ge-
wesen, dass im Fall des völlig gedrückten Betonquerschnitts
keine Streuungen der Dehnungsmesswerte auftreten würden. Die
Versuchsmessungen zeigten jedoch bedeutende Streuungen *).

---

*) Der Durchschnitt oder Mittelwert einer Gruppe von n
   Einzelwerten x_1, x_2, ... x_n wird definiert als

$$\bar{x} = \frac{\sum\limits_{i=1}^{n} x_i}{n}$$

Die Streuung oder Standardabweichung oder mittlere quadra-
tische Abweichung von n Einzelwerten x_1, x_2, ... x_n wird
definiert als

$$s = \sqrt{\frac{\sum\limits_{i=1}^{n} (x_i - \bar{x})^2}{n - 1}}$$

(oft wird auch s^2 als Streuung bezeichnet)

Unvermeidliche Inhomogenitäten und ausführungstechnisch
bedingte Schwankungen bei der Herstellung und Verarbei-
tung des Betons, könnten die Ursache dieser Streuungen
sein. Die gemessenen Streuungen lagen wesentlich über der
Streuung des Messverfahrens. Der Einfluss der Messgenauig-
keit auf die Streuungsmessungen war daher unbedeutend. Aus
den Grössenordnungen der Streuungen können jedoch einige
Schlussfolgerungen gezogen werden:
In Abschnitt 2.1 wurde der Einfluss der Rissbildung auf
die lokale Dehnungsverteilung beschrieben. Es ist daher
zu vermuten, dass dieser Effekt eine starke Vergrösserung
der Streuungen beim Uebergang vom ungerissenen zum gerissenen Querschnitt zur Folge hat. Diese Streuungszunahme
müsste mit abnehmender Länge der Messstrecken immer deutlicher werden.

Aus Bild 2.4 ist dagegen zu erkennen, dass bezüglich der
Grössenordnung der Streuungen zwischen dem ungerissenen
(ausgezogene Linien) und dem gerissenen Querschnitt (gestrichelte Linien) kein offensichtlicher Unterschied besteht. Erst wenn die Dehnungen der Zugbewehrung (kaltver-
formter Stahl) die Proportionalitätsgrenze wesentlich über-
schreiten, nehmen sowohl die Streuungen der Betonstauchun-
gen (Bild 2.4a) als auch der Stahldehnungen (Bild 2.4c) stark
zu. Diese Erscheinung kann damit erklärt werden, dass die
Zugarmierung lokal in einem Riss zu fliessen beginnt. Dadurch kann sich die Krümmung in einem kleinen Bereich um
ein Mehrfaches vergrössern.

Diese Beobachtungen können wie folgt zusammengefasst werden:

1. Die über eine Basislänge von 10 cm bzw. 20 cm gemesse-
   nen Dehnungen (ε_{bo}, ε_e, ε_e') weisen über einen grösseren
   Stützenabschnitt teilweise beträchtliche Streuungen auf.

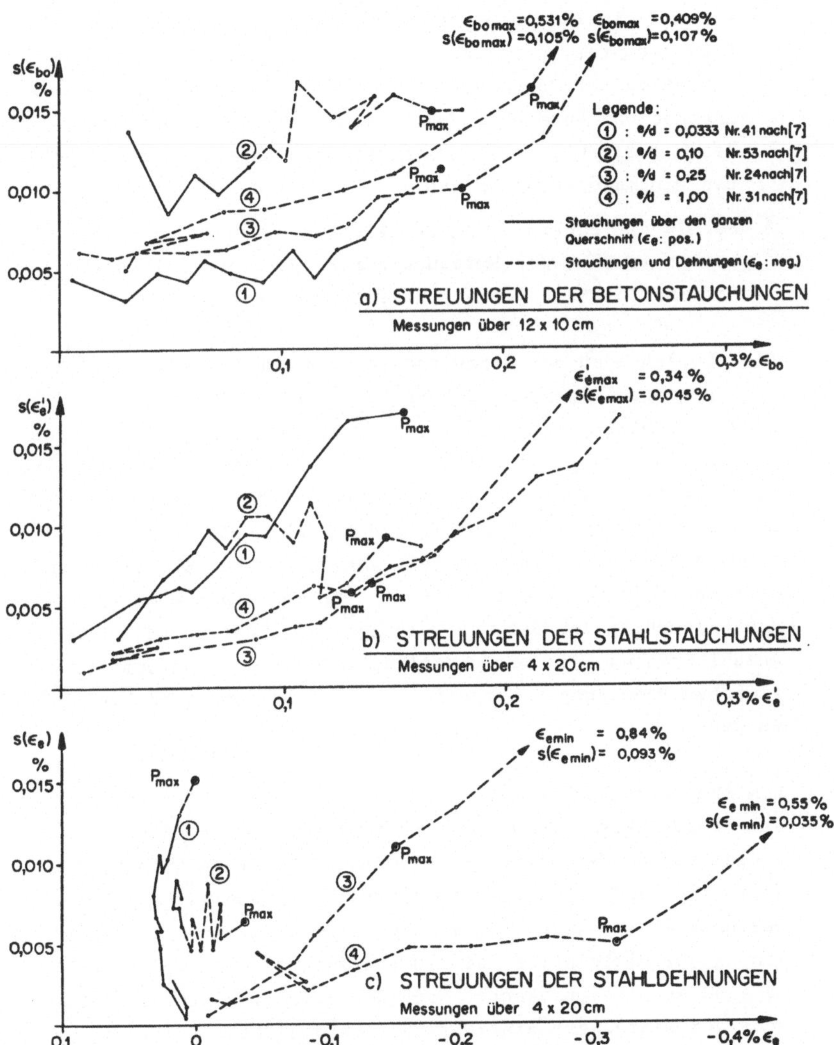

Bild 2.4: Streuungen der gemessenen Stauchungen und Dehnungen in Abhängigkeit des Mittelwertes (Stütze Nr. 24, 31, 41, 53 nach [7])

2. Die Streuungen liegen für völlig gedrückte, wie für ge-
   rissene Stützenquerschnitte in derselben Grössenordnung,
   solange die Zugarmierung in keiner Messstrecke fliesst.
   Dies bedeutet, dass der Einfluss der Rissbildung auf die
   Variation der Dehnungen - schon für kleine Messstrecken -
   unbedeutend gegenüber dem Einfluss der Inhomogenität
   des Materials ist (10 cm entsprechen ungefähr dem doppel-
   ten minimalen Rissabstand).

3. Sobald die Zugarmierung zu fliessen beginnt, ist eine
   starke Zunahme der Streuungen infolge grosser lokaler
   Deformationen in wenigen Rissen zu erkennen.

Die Abweichungen der Dehnungsmessungen vom Mittelwert, die
aus Inhomogenitäten des Betons und Stahles resultieren,
sind als zufällige Abweichungen zu betrachten, d.h. sie sind
die Folge einer grossen Zahl von Ursachen deren Wirkung nicht
vorausbestimmt werden kann. Die durchgeführten Dehnungsmessungen auf jeder Laststufe können daher als Zufallsstich-
probe aus einer Grundgesamtheit aufgefasst werden. Die Grundgesamtheit im Sinne der Statistik [8] wäre in diesem Fall
die Gesamtheit der Dehnungsmessungen an einer unendlichen
Anzahl Stützen, die mit denselben Materialien und unter den
gleichen Bedingungen hergestellt, belastet und gemessen
würden.

Ein theoretisches Verformungsgesetz muss natürlich auf die
Grundgesamtheit - in diesem speziellen Fall auf unendlich
viele Stützen derselben Art - angewendet werden können. Die
Werte ε_{bon} und ε_{en} sollen theoretische Ergebnisse der Ver-
formungsgesetze sein. Sie müssen daher möglichst gute Nähe-
rungen der Mittelwerte der Grundgesamtheit sein. Diese Werte sind an sich unbekannt. Nach der Stichprobentheorie ist
aber der Mittelwert einer Stichprobe die beste Schätzung
für den Mittelwert der Grundgesamtheit. Aus dem Umfang und

der Streuung der Stichprobe kann zudem die Qualität dieser
Schätzung beurteilt werden. Der Vergleich zwischen den theo-
retischen Werten ε_{bon}, ε_{en} und ε'_{en} mit den Versuchsergebnissen wird in Abschnitt 5.2 durchgeführt.

2.3 Nominelles Krümmungselement

Nach der Beziehung (2.1) wird die nominelle Krümmung aus
den mittleren Dehnungen berechnet, die eine Funktion des
Moments, der Normalkraft sowie der Material- und Querschnittsparameter sind.

Um die nominelle Krümmung in einfacher Weise für die numerische und besonders für die elektronische Berechnung von
Biegelinien verwenden zu können, denken wir uns die Stablänge in Abschnitte der Länge Δl unterteilt. Ueber die
Intervallänge Δl wird das Moment, vereinfachend, als konstant
angenommen. Unter dieser Voraussetzung ist auch die Krümmung ϕ_n über die Intervallänge Δl konstant. Das Element der
Länge Δl kann als nominelles Krümmungselement bezeichnet
werden. Für das Element wird eine lineare Dehnungsverteilung über die Querschnittshöhe angenommen (vgl. Abschnitte
2.4 und 2.5).

Das Element in Bild 1.1 entspricht direkt dem nominellen
Krümmungselement, wenn für ε_{bo} und ε_e die Werte ε_{bon} und ε_{en}
gesetzt werden.

2.4 Hypothese der linearen Dehnungsverteilung

Die Krümmung $\phi = \frac{1}{\rho}$ wurde allgemein durch die Beziehung (1.2)
definiert. Um die Berechnung der Durchbiegungen $w(x)$ aus
den Krümmungen ϕ durchführen zu können, ist es notwendig, das

Ebenbleiben der Querschnitte vorauszusetzen. Ist diese Voraussetzung nicht erfüllt, so wird die Definition (1.2) als
Grundlage einer Durchbiegungsberechnung unbrauchbar.

Bild 2.5 zeigt an zwei extremen Beispielen den möglichen
Einfluss einer Querschnittsverwölbung.

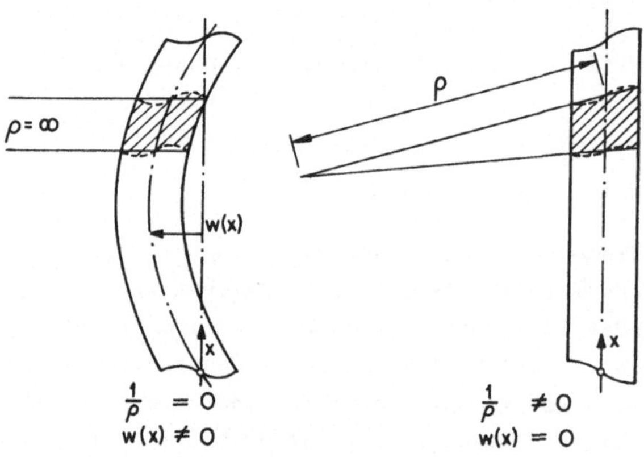

Bild 2.5: Möglicher Einfluss einer Querschnittsverwölbung auf
Krümmung und Durchbiegung.

Beim Stab links ist die Krümmung nach Definiton (1.2) null;
trotzdem ist eine Durchbiegung w(x) vorhanden. Im Gegensatz
dazu weist der Stab rechts keine Durchbiegung w(x) auf, obwohl der Wert der Krümmung nach Definition (1.2) nicht null ist.

Es ist zu erwarten, dass bei Stahlbetonelementen die Dehnungsverteilung durch die Rissbildung wesentlich beeinflusst wird.
Wir müssen sogar feststellen, dass die Dehnungsverteilung
durch unterschiedliche Dehnungen von Stahl und Beton in Riss-
nähe (Schlupf der Stahleinlagen) grosse Unstetigkeiten aufweisen kann. Es stellt sich - ähnlich wie in Abschnitt 2.2 -
die Frage, ob nicht auch hier ein Ausgleich dieser Diskon-

tinuitäten, über grössere Strecken, besteht.

Die Versuchsmessungen der Dehnungsverteilung über die Querschnittshöhe sind in Bild 2.6 für verschiedene Exzentrizitäten und Laststufen dargestellt.

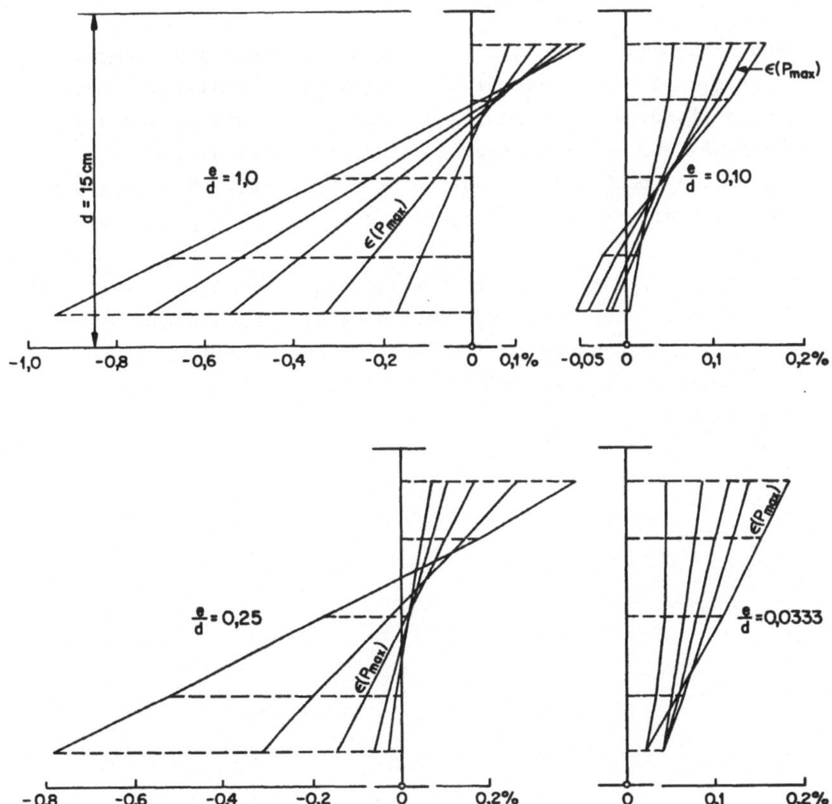

Bild 2.6 : Dehnungsverteilung über die Querschnittshöhe, gemessen auf verschiedenen Laststufen über eine Messstrecke von 20cm (Stütze Nr. 24, 31, 41, 53 nach [7]).

Die Messungen bestätigen, dass sowohl für kleine wie für
grosse Lastexzentrizitäten und für alle Laststufen der Ansatz einer linearen Dehnungsverteilung gerechtfertigt erscheint. Die Abweichungen von der Geraden sind sehr gering,
obwohl die Messlänge nur 20 cm betrug.

2.5 Durchbiegungsberechnungen mit gemessenen Krümmungen -
Vergleich mit gemessenen Durchbiegungen

Aus Abschnitt 2.2 geht hervor, dass die Dehnungsmessungen
über grössere Strecken praktisch nur noch zufällige Streuungen (infolge Inhomogenitäten) aufweisen. Mit dieser Er-
kenntnis und der Bestätigung der linearen Dehnungsverteilung nach Abschnitt 2.4 muss eine zuverlässige Nachrechnung
der Durchbiegungen aus den Dehnungsmessungen möglich sein.

In Tabelle 2.1 sind die gemessenen (w_M) und die aus den
Dehnungen berechneten (w_R) Durchbiegungen in Stützenmitte
für einzelne Laststufen dargestellt. (Vollständige Sätze
von Dehnungsmessungen wurden nicht auf allen Laststufen
durchgeführt.)

Tabelle 2.1

Vergleich zwischen gemessenen Durchbiegungen w_M und gerechneten Durchbiegungen w_R

Stütze Nr. nach [7]	$\frac{e}{d}$	w_M [cm]	w_R [cm]	$w_R - w_M$ [cm]	Stütze Nr. nach [7]	$\frac{e}{d}$	w_M [cm]	w_R [cm]	$w_R - w_M$ [cm]
31	1.0	.39	.43	.04	53	.10	1.15	1.23	.08
		.63	.71	.08			1.32	1.36	.04
		2.12	2.19	.07			1.50	1.55	.05
		1.22	1.27	.05			1.67	1.74	.07
		2.20	2.28	.08			1.85	1.96	.11
24	.25	.53	.51	-.02			1.84	1.87	.03
		10.49	10.64	.15			2.03	2.14	.11
							2.47	2.57	.10
							2.92	3.00	.08
53	.10	.24	.29	.05					
		.47	.50	.03	41	.0333	.09	.12	.03
		.63	.69	.06			.64	.66	.02
		.82	.82	0			1.33	1.35	.02
		.97	1.00	.03					

In der vorstehenden Auswertung der Versuchsergebnisse
macht sich ein systematischer Fehlereinfluss bemerkbar.
Die aus den gemessenen Dehnungen berechneten Durchbiegungen
übertreffen die gemessenen Durchbiegungen in 23 von 24
Fällen. Der Grund dafür liegt in der Art der Versuchsdurch-
führung. Auf jeder Laststufe wurde versucht, die Durchbiegung in Stützenmitte während der für die Dehnungsmessungen
benötigten Zeit konstant zu halten. Eine zusätzlich eintre-
tende Kriechdurchbiegung musste daher ständig durch eine
Reduktion der äusseren Last rückgängig gemacht werden. Diese
wurde aber erst reduziert, nachdem bereits eine Kriechdurchbiegung beobachtet werden konnte. Die tatsächlich vorhandenen Durchbiegungen lagen daher im Mittel etwas über den
in der Tabelle 2.1 eingetragenen Sollwerten w_M.

Trotz diesem systematischen Fehlereinfluss ist die Uebereinstimmung ausserordentlich gut. Selbst bei grossen plastischen Verformungen von Stahl und Beton sind nur geringe
Abweichungen zwischen Rechnungswerten und Messwerten zu
verzeichnen. Die mittlere Abweichung beträgt nur 0.57 mm.

Die Krümmung - nach Definition (1.2) - darf daher als zuverlässige Grundlage für Durchbiegungsberechnungen von Stahlbetonstützen betrachtet werden.

3. VERFORMUNGSEIGENSCHAFTEN VON BETON UND STAHL

3.1 Beton

3.1.1 Allgemeines

Das Spannungs-Dehnungsdiagramm eines Betonprobekörpers
zeigt einen gekrümmten Verlauf. Für eine konstante Spannungs-
zunahme ist eine ständige Vergrösserung des Dehnungszuwach-
ses festzustellen. Bei einer Erstbelastung ist ein Teil
des nichtlinearen Verhaltens darauf zurückzuführen, dass
einzelne, ungünstig gelagerte Gefügeteilchen zerstört werden. Diese irreversiblen Verformungen wachsen mit zunehmender Belastung. Der Anstieg der Spannungs-Dehnungskurve ist
zudem stark zeitabhängig. Bild 3.1 wurde aus [9] entnommen
und zeigt deutlich, dass die σ_b - ε_b - Kurve für grosse
Dehngeschwindigkeiten viel steiler verläuft und höher an-
steigt als für kleine Dehngeschwindigkeiten.

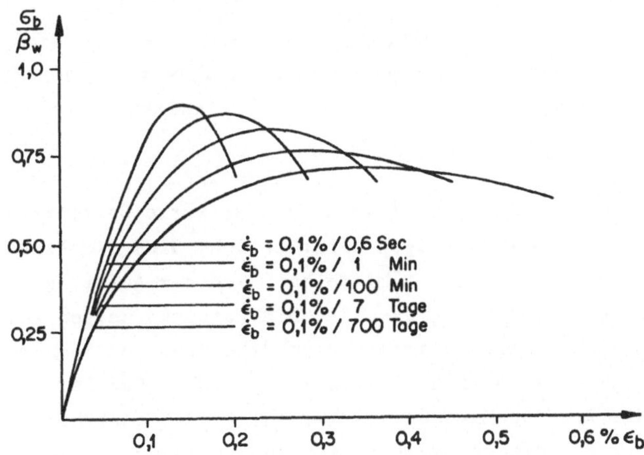

Bild 3.1: σ_b- ε_b-Kurven nach [9], gemessen an Probekörpern bei unterschiedlicher Dehngeschwindigkeit $\dot{\varepsilon}_b$.

Längere Zeit einwirkende Belastungen bewirken also zusätzliche Verformungen. Diese Kriechverformungen setzen sich aus
irreversiblen, plastischen Verformungen und aus reversiblen
(nach der Entlastung wieder verschwindenden), anelastischen
Verformungen zusammen. Zusätzlich treten Schwindverformungen
auf, welche sich im Laufe der Zeit lastunabhängig entwickeln
(Volumenverkleinerung). Die Ursachen für das Kriech- und
Schwindverhalten des Betons sind die Porenwasserspannungen
und die plastischen Eigenschaften der mehrmolekularen Wasser-
hüllen der Gelpartikelchen um den Zementstein [10].

3.1.2 Spannungs-Dehnungsverhalten unter Kurzzeitbelastung

Die in der Stahlbetontheorie üblichen und häufig verwendeten
Begriffe "Kurzzeitversuch" und "Kurzzeitbeanspruchung" sind
zu wenig präzis. Als "Kurzzeitversuch" werden praktisch alle
Versuche bezeichnet, deren Durchführung einige Minuten bis
mehrere Stunden in Anspruch nimmt. Bild 3.1 zeigt aber deutlich, dass sich z.B. die Spannungs-Dehnungslinien, aufgenommen mit den Dehnungsgeschwindigkeiten $\dot{\varepsilon}_b$ = 0,1 %/Min. und
$\dot{\varepsilon}_b$ = 0,1 %/100 Min., deutlich voneinander unterscheiden. Eine
sinnvolle Spannungs-Dehnungs-Definition muss daher mit einer
präzisen Aussage über die Zeit der Lasteinwirkung verbunden
sein.

Versuche an Kriechkörpern [11] über sehr kurze Zeitintervalle
(1, 5 und 30 Minuten) zeigen eindrücklich, dass die Kriechdehnungsgeschwindigkeit, unmittelbar nach dem Aufbringen der
Last, ausserordentlich gross ist. Die Versuche zeigen weiter,
dass eine Linearität zwischen Kriechdehnungen und Spannungen
nur bis ca. 40 % der Bruchfestigkeit besteht. Darüber hinaus
nehmen die Kriechdehnungen stärker zu. Diese Beobachtung wird
durch weitere Versuche anderer Autoren bestätigt. Eine ausführliche Zusammenstellung dieser Untersuchungen ist in [12]
enthalten.

In Bild 3.2 sind beispielsweise Kriechverformungen ε_k nach
30 Minuten Dauerlast in Abhängigkeit von der Belastung
dargestellt (aus [12]).

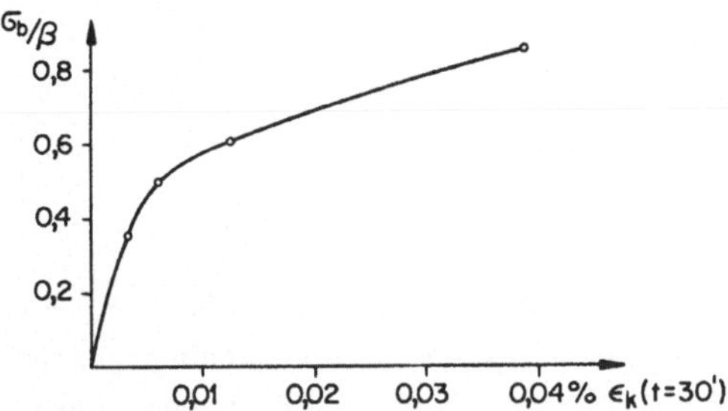

Bild 3.2: Abhängigkeit der Kriechdehnungen ε_k (t=30') vom Belastungsgrad σ_b/β (aus [12]). Für $\sigma_b/\beta > 0,4$ nehmen die Kriechdehnungen stark überlinear zu.

Die Richtlinien zur SIA-Norm Nr. 162 [13] empfehlen für
statische Druckbeanspruchung das in Bild 3.3 dargestellte
Diagramm mit der Einschränkung, dass für dynamische sowie
für langdauernde Belastungen wesentliche Abweichungen vom
dargestellten Diagramm zu erwarten sind.

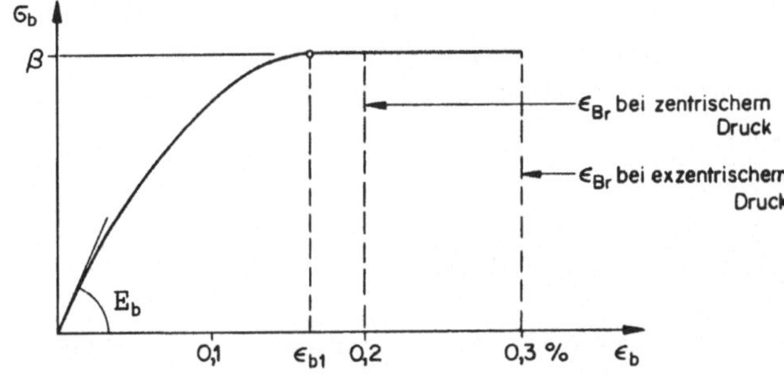

Bild 3.3: σ_b-ϵ_b-Diagramm, den Richtlinien zur SIA-Norm Nr. 162 [13] entnommen. Diese Kurve wird annähernd bei einer Belastungsgeschwindigkeit von 0,1 % pro 30 Minuten erreicht.

$$\varepsilon_{b1} = \frac{2\beta}{E_b} \qquad (3.1)$$

Für $o < \varepsilon_b < \varepsilon_{b1}$ gilt

$$\sigma_b = E_b \, \varepsilon_b - \frac{E_b^2}{4\beta} \, \varepsilon_b^2 \qquad (3.2)$$

und für $\varepsilon_{b1} < \varepsilon_b < \varepsilon_{Br}$

$$\sigma_b = \beta \qquad (3.3)$$

Dieses Diagramm darf als gute Näherung einer σ_b - ε_b - Kurve betrachtet werden, wie sie bei einer Dehnungsgeschwindigkeit von ca. 0,1 % pro 30 Minuten aufgenommen werden kann. In den CEB-Empfehlungen [14] wird ein ähnliches Diagramm vorgeschlagen.

Für den Wert des E-Moduls empfehlen sowohl die SIA-Norm wie die CEB-Empfehlungen den Wert $E_b = 19'000 \, \sqrt{\beta_w}$. Da die Prismendruckfestigkeit β ca. 80 % von β_w beträgt, kann auch

$$E_b = 21'000 \, \sqrt{\beta} \qquad (E_b, \ \beta \ \text{in } kg/cm^2) \qquad (3.4)$$

gesetzt werden.

Der σ_b - ε_b - Zusammenhang nach Bild 3.3 wird in dieser Arbeit als grundlegende Beziehung verwendet. Die Dehnungszunahmen infolge Kriechen werden als Abweichung von dieser Grundkurve formuliert.

3.1.3 Spannungs-Dehnungsverhalten unter Langzeitbelastung

Im Zusammenhang mit den beschriebenen Langzeitversuchen [7] wurde an 22 Prismen das Kriechverhalten des nichtarmierten zentrisch gedrückten Betons untersucht. An gleichzeitig hergestellten, aber unbelasteten Betonkörpern wurden

Schwindmessungen durchgeführt. Alle Prismen, sowie auch
eine Anzahl Würfel zur Bestimmung der Betondruckfestig-
keit, wurden aus denselben Betonmischungen wie die Versuchsstützen hergestellt. Die mittlere Prismenfestigkeit β der
Kriechkörper betrug - bei einer Streuung von 43 kg/cm^2 -
rund 260 kg/cm^2. Praktisch alle Kriechkörper wurden im
Alter von 28 Tagen unter Last gesetzt.

Die zur Zeit t gemessene Dehnung $\varepsilon_b(t)$ setzt sich aus einer
Kurzzeitdehnung ε_b (nach Bild 3.3), einer Kriechdehnung
$\varepsilon_k(t)$ und einer Schwinddehnung $\varepsilon_s(t)$ zusammen. Die Kurzzeitdehnung ist gegeben durch

$$\varepsilon_b = \varepsilon_{b1} \left(1 - \sqrt{1 - \frac{\sigma_b}{\beta}}\right). \qquad (3.5)$$

Aus den Kurzzeitdehnungen ε_b und den gemessenen Dehnungen
$\varepsilon_b(t)$ und $\varepsilon_s(t)$ kann die Kriechdehnung berechnet werden:

$$\varepsilon_k(t) = \varepsilon_b(t) - \varepsilon_b - \varepsilon_s(t) \qquad (3.6)$$

Die Kriechzahl $\varphi(t)$ wird definiert als Verhältnis von Kriechdehnung ε_k zur (nicht elastischen!) Kurzzeitdehnung ε_b

$$\varphi(t) = \frac{\varepsilon_k(t)}{\varepsilon_b} \qquad (3.7)$$

In Bild 3.4 ist die Kriechzahl $\varphi(t)$, für verschiedene Bela-
stungszeiten, als Funktion des Belastungsgrades $\frac{\sigma_b}{\beta}$ dargestellt.

In Anbetracht der grossen Streuungen und der wenigen zur
Verfügung stehenden Proben, ist es leider nicht möglich,
eine stark gesicherte Regressionskurve zwischen den Vari-
ablen $\varphi(t)$ und $\frac{\sigma_b}{\beta}$ zu bestimmen. Da mit zunehmendem Belastungsgrad eine relativ gleichmässige Zunahme der Kriechzahl fest-
zustellen ist, wurde als Regressionsfunktion eine Gerade
der Form

$$\varphi(t) = C_1(t) + C_2(t) \cdot \frac{\sigma_b}{\beta} \qquad (3.8)$$

festgelegt.

Die Konstanten C_1 und C_2 wurden so bestimmt, dass die Summe der Quadrate der Abweichungen zwischen den gemessenen $\varphi(t)$-Werten und der Regressionsgeraden minimal wird.

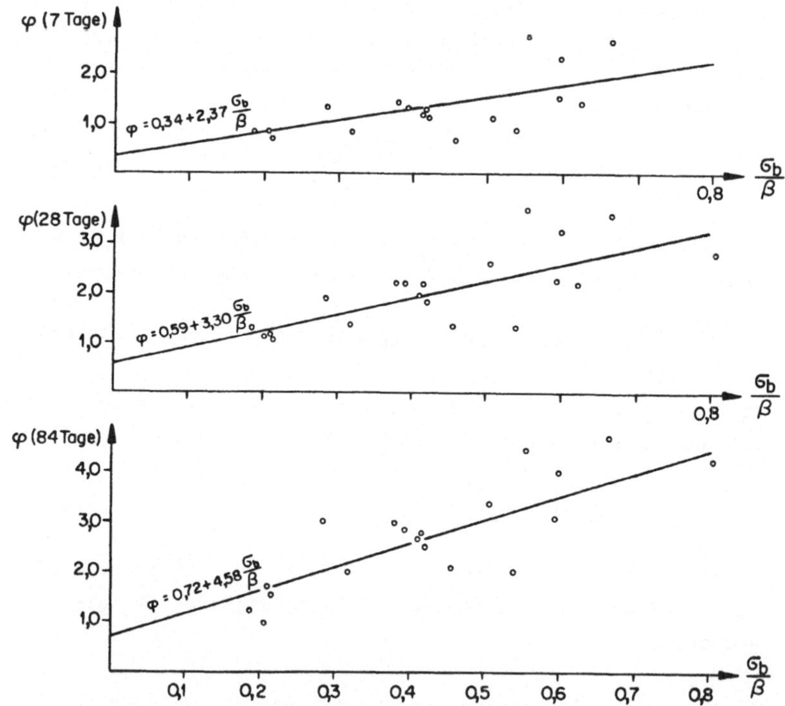

Bild 3.4 : Kriechmass $\varphi(t)$ in Abhängigkeit des Belastungsgrades σ_b/β. Mess-werte [7] mit zugehörenden Regressionsgeraden (7, 28 und 84 Tage nach Belastungsbeginn.

In Abschnitt 3.1.2 wurde auf die Schwierigkeiten hingewiesen,

die sich bei der Definition einer Kurzzeitdehnung ergeben.
Unmittelbar nach dem Aufbringen der Belastung werden sehr
grosse Kriechgeschwindigkeiten festgestellt. Das starke Anfangskriechen dauert einige Stunden. Es kann als abgeschlossen betrachtet werden, sobald die Kriechgeschwindigkeit
ungefähr auf jene Grössenordnung abgesunken ist, die man
nach einem Tag Dauerlast feststellen kann (Bild 3.5).

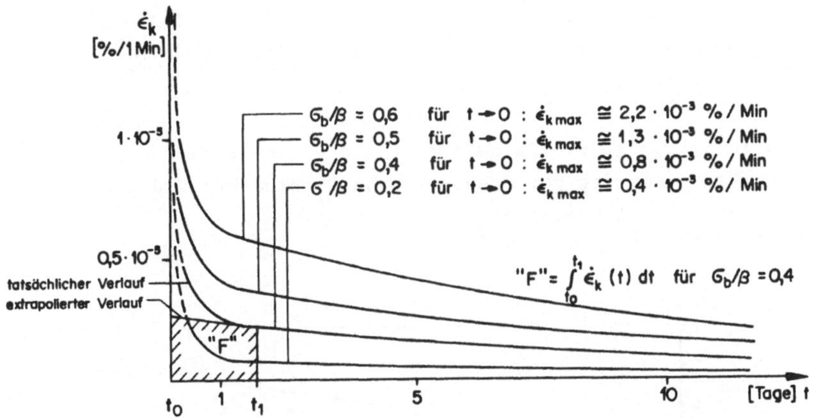

Bild 3.5: Verlauf der Kriechgeschwindigkeit $\dot{\epsilon}_k$(t) in den ersten Tagen nach dem
Aufbringen der Belastung (ausgeglichene Versuchsergebnisse[7]).

Um dieses starke Anfangskriechen erfassen zu können, wurde
der folgende Weg beschritten:

1. Aus den gemessenen Dehnungen der ersten Tage konnte die
   Kriechdehnungsgeschwindigkeit $\dot{\epsilon}_k(t) = \dfrac{\Delta\epsilon_k(t)}{\Delta t}$ bestimmt
   werden. Dabei wurde der Zeitraum vom 1. bis zum 15. Tag
   berücksichtigt.

2. Die Beziehung $\dot{\epsilon}_k(t)$ wurde rückwärts, bis zum Zeitpunkt
   t_o der Lastaufbringung, extrapoliert (Bild 3.5).

3. Mit der aus der ersten Dehnungsmessung $\varepsilon_b(t_1)$ bestimmten
   Kriechdehnung $\varepsilon_k(t_1)$ (zwischen dem 1. und dem 5. Tag nach
   der Belastung) und der bekannten Funktion der Kriechdehnungsgeschwindigkeit $\dot{\varepsilon}_k(t)$, kann der Anfangskriechwert
   $\varepsilon_k(t_o)$ bestimmt werden (Bild 3.5):

$$\varepsilon_k(t_o) = \varepsilon_k(t_1) - \int_{t_o}^{t_1} \dot{\varepsilon}_k(t) \cdot dt \qquad (3.9)$$

4. Für die Anfangskriechwerte $\varepsilon_k(t_o)$ wurde ebenfalls eine
   Regressionsgerade der Form $\varphi(t) = C_1(t) + C_2(t) \cdot \dfrac{\sigma_b}{\beta}$
   berechnet.

Bild 3.6 zeigt die Parameter C_1 und C_2 in Fuktion der Zeit.
Für $t \longrightarrow \infty$ dürfte der Grenzwert von C_2 etwa bei 7.0 und von
C_1 etwa bei 1.0 liegen.

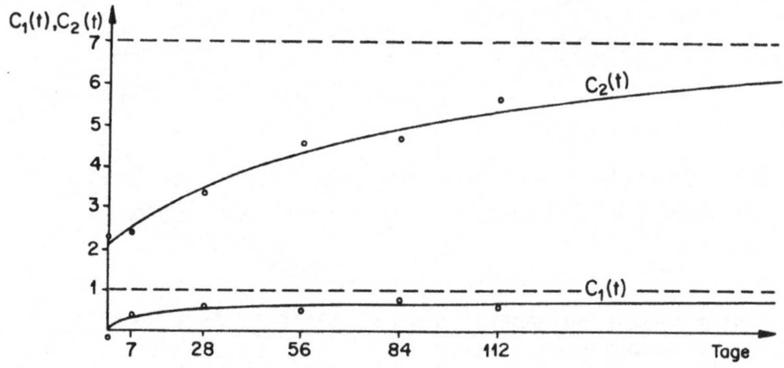

Bild 3.6: Parameter $C_1(t)$ und $C_2(t)$ zur Bestimmung der Kriechfunktion $\varphi(t)$.
Versuchsmässig bestimmte Werte und ausgeglichener Verlauf derselben.

Die Qualität einer linearen Regression kann durch das Bestimmtheitsmass B charakterisiert werden [8]. B kann Werte
zwischen 0 und 1 annehmen. B = 0 bedeutet, dass zwischen

zwei Veränderlichen x und y keinerlei lineare Abhängigkeit
besteht. Die beiden möglichen Regressionsgeraden verlaufen
parallel zu den entsprechenden Koordinatenaxen und verlie-
ren somit ihre Bedeutung. Wenn B = 1 ist, fallen beide Regressionsgeraden zusammen, alle Punkte liegen auf einer Geraden; dadurch entsteht eine strenge lineare funktionale
Beziehung. Das Bestimmtheitsmass gibt also den Anteil der
Streuung von y an, der sich aus der Veränderung von x durch
lineare Regression erklären lässt.

In den hier untersuchten Fällen betrug das Bestimmtheitsmass
0.59. Es darf angenommen werden, dass dieser Wert mit zunehmender Probenzahl noch ansteigen wird. Auf eine Wiedergabe der
Prüfung der Regressionsgeraden wird hier verzichtet. Sie
erfolgte nach den in [8] dargestellten statistischen Methoden und ergab, dass die lineare Regression in allen Fällen
gerechtfertigt ist, dass die Neigungen aller Regressionsgeraden statistisch gesichert von null abweichen und dass
die zeitliche Zunahme der Neigung ebenfalls statistisch
gesichert ist.

Die Beziehungen (3.7) und (3.8) erlauben die Formulierung
einer zeitabhängigen Spannungs-Dehnungsfunktion:

$$\varepsilon_b(t,\frac{\sigma_b}{\beta}) = \varepsilon_b(\frac{\sigma_b}{\beta}) \cdot [1 + \varphi(t)] + \varepsilon_s(t) \qquad (3.10)$$

oder mit (3.5) und (3.8)

$$\varepsilon_b(t,\frac{\sigma_b}{\beta}) = \varepsilon_{b1}[1- \sqrt{1-\frac{\sigma_b}{\beta}}] \cdot [1+C_1(t)+C_2(t)\cdot\frac{\sigma_b}{\beta}] + \varepsilon_s(t) \qquad (3.11)$$

Bild 3.7 zeigt diese Spannungs-Dehnungs-Beziehung für einzelne ausgewählte Zeiten. Für $C_1(t)$ und $C_2(t)$ wurden die ausgeglichenen Werte aus Bild 3.6 verwendet. $\varepsilon_s(t)$ bewirkt nur
eine Horizontalverschiebung der einzelnen Kurven und wurde
nicht berücksichtigt.

Versuche haben ganz allgemein ergeben, (z.B. [15]), dass die
Grenze der Bruchfestigkeit für Dauerlasten deutlich tiefer
liegt als für Kurzzeitbelastungen. Unter konstanter Belastung kann ein Versagen des Betons nur während einer gewissen Zeitperiode eintreten, da die Grenze der Bruchfestigkeit
relativ bald in die Horizontale übergeht (Bild 3.7). Diese
Zeitperiode ist um so kürzer, je jünger der Beton bei der
Lastaufbringung ist. Das Verhältnis der Langzeit- zur Kurz-
zeitfestigkeit scheint ziemlich unabhängig vom Alter des
Betons bei Belastungsbeginn zu sein. Die Belastungsgeschwindigkeit dagegen hat einen gewissen Einfluss auf dieses Verhältnis (Variation von β_∞/β zwischen 0.75 und 0.85).

Als Berechnungsgrundlage wird - nach Bild 3.7 - bei der
SIA-Kurve $\sigma_{bmax} = \beta$, bei allen übrigen Kurven $\sigma_{bmax} = 0.8\,\beta$
gesetzt.

Die Spannungs-Dehnungskurven in Bild 3.7 stimmen in der
Grössenordnung gut mit den CEB-Kurven [14] überein. Die
t_o - Kurve liegt zwischen den CEB-Kurven für 100 Minuten
und 3 Tagen. Sie erfasst somit das Anfangskriechen in be-
friedigender Weise.

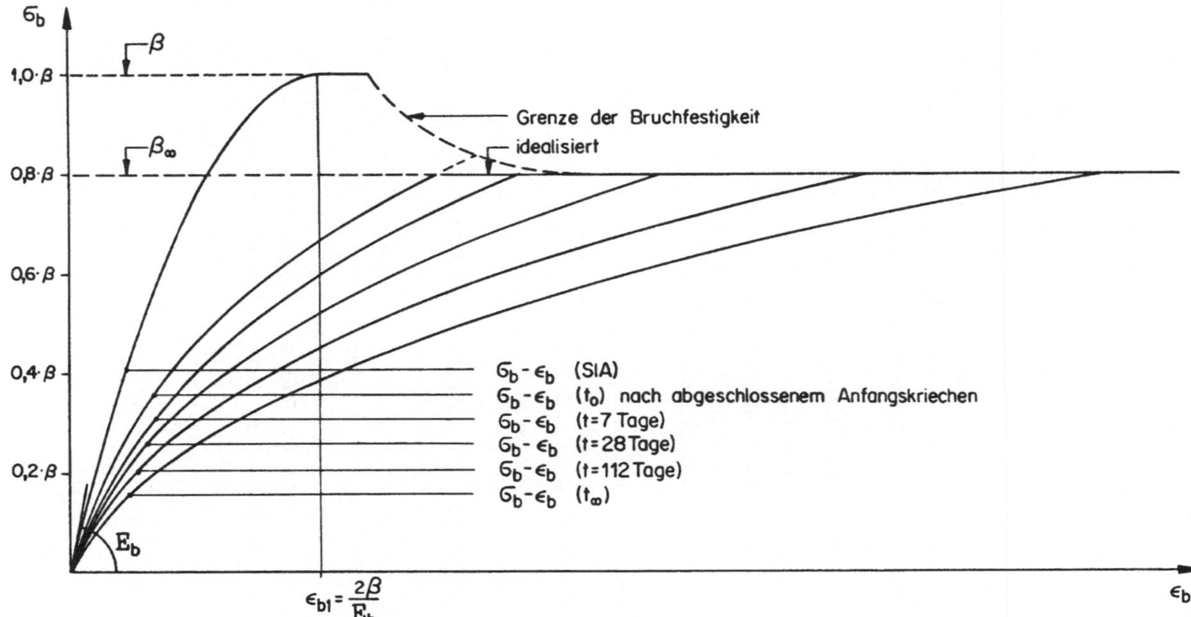

Bild 3.7: Spannungs-Dehnungsfunktion des Betons in Abhängigkeit der Zeit, nach Formel (3.11). Für $C_1(t)$ und $C_2(t)$ wurden die ausgeglichenen Werte aus Bild 3.6 eingesetzt.

3.1.4 Einfluss wichtiger Parameter auf das Kriechverhalten

Die in Bild 3.7 dargestellten Spannungs-Dehnungslinien
wurden in den folgenden theoretischen Berechnungen verwendet. Sie wurden unter speziellen Bedingungen ermittelt
und besitzen deshalb nur eine beschränkte Gültigkeit. Einzelne Parameter, die das Kriechverhalten wesentlich beeinflussen, wurden in den Versuchen möglichst konstant gehalten, so dass keine eindeutige Beeinflussung des Kriech-
verhaltens durch diese Parameter festzustellen war.

Wichtige, nicht untersuchte Einflussparameter sind:

Für das Schwinden: - relative Luftfeuchtigkeit
                    - Form und Grösse des Betonquerschnittes
                      (Austrocknungsmöglichkeiten)
                    - Wasserzementfaktor

Für das Kriechen: - Belastungsalter
                    - relative Luftfeuchtigkeit
                    - Form und Grösse des Betonquerschnittes
                    - Wasserzementfaktor

In [10] und [14] wird der Vorschlag gemacht, eine Grund-
kriechzahl, bzw. ein Grundschwindmass mit einzelnen Faktoren
k_1, k_2 ... k_n zu multiplizieren, die je einen Einflussparameter berücksichtigen. Um die Anzahl der in der Praxis
erforderlichen Momenten-Krümmungsdiagramme nicht unnötig
zu vergrössern, wird in Abschnitt 6 vorgeschlagen, den
Einfluss einzelner Parameter durch eine Korrektur der
$M - \phi$ - Kurven zu berücksichtigen.

3.2 Stahl

Die in der Schweiz hauptsächlich verwendeten Stahleinlagen
gehören nach der SIA-Norm 162 [13] entweder zur Gruppe IIIa
(naturharte Stähle) oder zur Gruppe IIIb (kaltverformte Stähle).
Beim naturharten Stahl genügen im allgemeinen die Fliess-
Spannung σ_f und der E-Modul zur Definition einer idealisier-
ten σ - ε - Beziehung.

$$\text{Für} \quad \varepsilon_e \leq \frac{\sigma_f}{E_e} \quad \text{gilt} \quad \sigma_e = E_e \varepsilon_e \tag{3.12}$$

$$\text{Für} \quad \varepsilon_e > \frac{\sigma_f}{E_e} \quad \text{gilt} \quad \sigma_e = \sigma_f \tag{3.13}$$

Für σ_f fordert die SIA-Norm einen Nennwert von 4.6 t/cm^2
und für die Zugfestigkeit β_z einen Mindestwert von 5.6 t/cm^2.
Von der Gesamtproduktion dürfen höchstens 5 % den Nennwert
unterschreiten.

Beim kaltverformten Stahl ist keine ausgesprochene Fliess-
grenze vorhanden. Es ist ein allmählicher Uebergang vom
elastischen in den plastischen Bereich feststellbar. Für
die Streckgrenze $\sigma_{0.2}$ fordert die SIA-Norm einen Nennwert
von 4.6 t/cm^2 und für die Zugfestigkeit β_z einen Mindestwert von 4.8 t/cm^2. Die Proportionalitätsgrenze σ_p liegt
oft tiefer als 3.0 t/cm^2; sie wird von der SIA-Norm nicht
festgelegt.

Im linearen Bereich $0 < \sigma_e \leq \sigma_p$ gilt die Beziehung (3.12).
Im Bereich $\sigma_p < \sigma_e < \beta_z$ wird versucht, eine nichtlineare
Spannungs-Dehnungsfunktion der folgenden Form anzusetzen:

$$\sigma_e = \beta_z - \frac{\Delta\sigma_1^2}{\Delta\sigma_1 + \Delta\sigma_2} \tag{3.14}$$

Darin bedeuten (Bild 3.8):

$$\Delta\sigma_1 = \beta_z - \sigma_p \qquad\qquad (3.15)$$

$$\Delta\sigma_2 = E_e\varepsilon_e - \sigma_p \qquad\qquad (3.16)$$

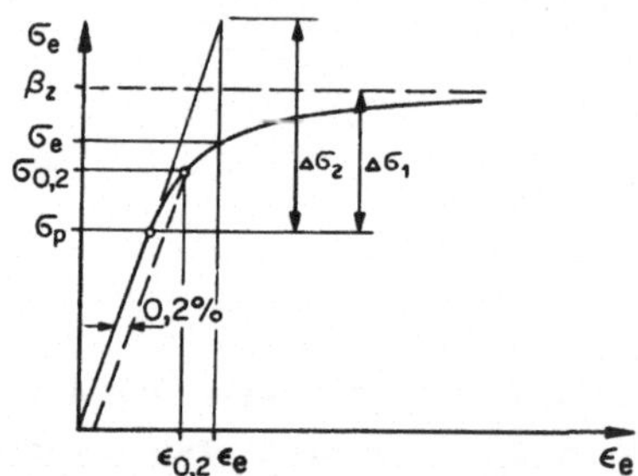

Bild 3.8: Idealisiertes Spannungs-Dehnungsdiagramm für kaltverformte Stähle. Linearer Ansatz (3.12) im Bereich $0 \le \sigma_e \le \sigma_p$, nichtlinearer Ansatz (3.14) im Bereich $\sigma_p < \sigma_e \le \beta_z$.

Die Beziehung (3.14) wird durch die Parameter σ_p, β_z und E_e vollständig bestimmt. Da kaltverformte Stähle üblicherweise durch die Streckgrenze $\sigma_{0.2}$ und nicht durch die - versuchsmässig schlecht bestimmbare - Proportionalitätsgrenze σ_p charakterisiert werden, ist es vorteilhafter, die nichtlineare Beziehung (3.14) durch die Grössen $\sigma_{0.2}$, β_z und E_e festzulegen. Durch diese 3 Parameter wird auch der Wert von σ_p bestimmt.

Die Stahldehnung unter der Spannung $\sigma_{0.2}$ beträgt:

$$\varepsilon_{0.2} = \frac{\sigma_{0.2}}{E_e} + 0.002 \qquad\qquad (3.17)$$

Wird in den Beziehungen (3.14) und (3.16) $\varepsilon_e = \varepsilon_{0.2}$ und $\sigma_e = \sigma_{0.2}$ gesetzt, so kann nach σ_p aufgelöst werden:

$$\sigma_p = \sigma_{0.2} - \sqrt{.002 \cdot E_e \cdot (\beta_z - \sigma_{0.2})} \qquad (3.18)$$

Die Funktion (3.14) erweist sich als sehr anpassungsfähig. Für $\Delta\sigma_1 \to 0$ degeneriert die Hyperbel zur Geraden $\sigma_e = \beta_z$ und beschreibt somit das ideal-plastische Verhalten.

Versuche an kaltverformten Armierungsstählen ergeben, dass mit zunehmendem Stabdurchmesser eine Erhöhung der Festigkeit verbunden ist. Bild 3.9 zeigt ein Spannungs-Dehnungsdiagramm von TOR-Stahl für verschiedene Stabdurchmesser.

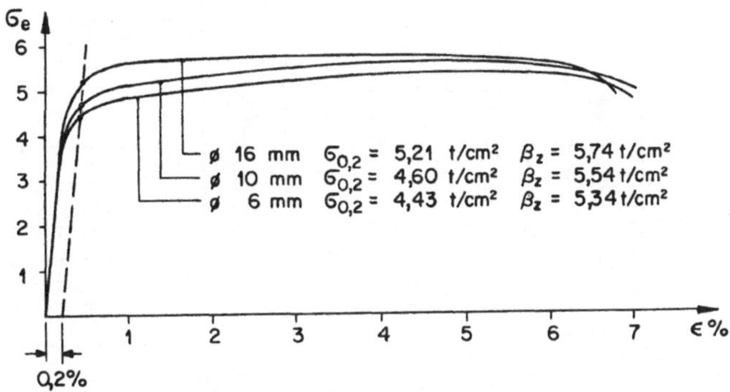

Bild 3.9: Spannungs-Dehnungsdiagramm für TOR-Stahl, ermittelt im Zusammenhang mit den Stützenversuchen [7].

Durch Einsetzen der versuchsmässig bestimmten Werte $\sigma_{0.2}$ und β_z in die oben formulierten Beziehungen, ergibt sich ein theoretischer Spannungs-Dehnungsverlauf. Der Vergleich zwischen den berechneten Werten σ_{eR} und den versuchsmässig ermittelten Werten σ_{eM} ist aus Tabelle 3.1 ersichtlich.

Tabelle 3.1

Vergleiche zwischen gemessenen Stahlspannungen σ_{eM} (Versuche [7]) und gerechneten Stahlspannungen σ_{eR} im plastischen Bereich.

	$\varnothing$ 6 mm			$\varnothing$ 10 mm			$\varnothing$ 16 mm		
$\varepsilon_{0.2}$ β_z $\sigma_{0.2}$ σ_p E_e	0.411 % nach (3.17) 5.34 t/cm^2 4.43 t/cm^2 2.49 t/cm^2 nach (3.18) 2100 t/cm^2			0.419 % nach (3.17) 5.54 t/cm^2 4.60 t/cm^2 2.62 t/cm^2 nach (3.18) 2100 t/cm^2			0.448 % nach (3.17) 5.74 t/cm^2 5.21 t/cm^2 3.70 t/cm^2 nach (3.18) 2100 t/cm^2		
ε_e	σ_{eM} [t/cm^2]	σ_{eR} [t/cm^2]	$\dfrac{\sigma_{eR}}{\sigma_{eM}}$	σ_{eM} [t/cm^2]	σ_{eR} [t/cm^2]	$\dfrac{\sigma_{eR}}{\sigma_{eM}}$	σ_{eM} [t/cm^2]	σ_{eR} [t/cm^2]	$\dfrac{\sigma_{eR}}{\sigma_{eM}}$
0.3 %	4.13	4.12	1.00	4.25	4.25	1.00	4.55	4.84	1.06
$\varepsilon_{0.2}$	4.43	4.43	1.00	4.60	4.60	1.00	5.21	5.21	1.00
0.6 %	4.63	4.71	1.02	4.88	4.88	1.00	5.35	5.36	1.00
1.0 %	4.80	4.96	1.03	5.10	5.14	1.01	5.62	5.53	.98
2.0 %	5.05	5.15	1.02	5.35	5.34	1.00	5.70	5.64	.99
4.0 %	5.32	5.24	.98	5.52	5.44	.99	5.74	5.69	1.01

Zwischen theoretischen und versuchsmässigen Ergebnissen besteht eine gute Uebereinstimmung. Das Spannungs-Dehnungsverhalten im nichtlinearen Bereich wird demnach durch die Beziehung (3.14) mit genügender Genauigkeit beschrieben.

Die beachtliche Variation der Streckgrenze in Bild 3.9 ist auf eine stärkere Verwindung der grösseren Stabdurchmesser und damit auf einen erhöhten Einfluss der Kaltverformung zurückzuführen. Belastungsgeschwindigkeit und Herstellungsqualität beeinflussen die Festigkeit ebenfalls. Den theoretischen Momenten-Krümmungsberechnungen wurde jedoch - wie für den Beton - ein einheitliches $\sigma - \varepsilon$ - Diagramm zugrunde gelegt. Bei Abweichungen von dieser Grundbeziehung wird in Abschnitt 6 ein Verfahren zur entsprechenden Korrektur der $M - \phi$ - Kurven empfohlen.

4. GRUNDBEZIEHUNGEN ZWISCHEN MOMENT UND KRUEMMUNG

4.1 Generelle Voraussetzungen

Alle Ableitungen und Berechnungen werden der Einfachheit halber für den Rechteckquerschnitt (häufigster Stützenquerschnitt) durchgeführt. Sie können aber sinngemäss auch bei andern Querschnittsformen angewendet werden.

Die Grundbeziehungen werden unter folgenden generellen Voraussetzungen berechnet:

1. Die Dehnungsverteilung über den Querschnitt ist linear.
2. Die Betondruckspannungen werden entsprechend den Beziehungen des Abschnitts 3.1 angesetzt.
3. Das Mitwirken des Betons im Zugbereich wird vernachlässigt.
4. Die Stahlspannungen werden entsprechend den Beziehungen des Abschnitts 3.2 angesetzt.
5. Für Stahlzugspannungen wie für Stahldruckspannungen wird die gleiche Spannungs-Dehnungscharakteristik verwendet.

Die Dehnungen der Grundbeziehungen werden mit ε_{bo}, ε_{bu}, ε_e' und ε_e; die Krümmung mit ϕ bezeichnet (Bild 4.1).

4.2 Gleichgewichtsbedingungen

Bild 4.1 zeigt den durch eine exzentrische Druckkraft beanspruchten Rechteckquerschnitt sowie die zugehörige Dehnungs- und Spannungsverteilung. Die Beton- und Stahlspannungen müssen mit der exzentrisch wirkenden Kraft P im Gleichgewicht sein.

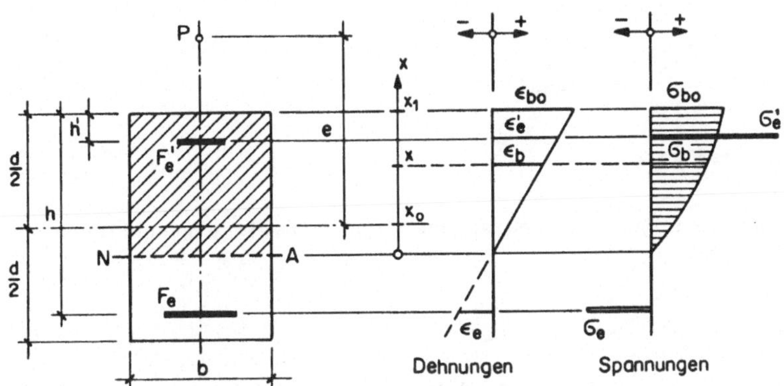

Bild 4.1: Verteilung der Spannungen und Dehnungen im gerissenen,exzentrisch
gedrückten Stahlbetonquerschnitt. Der Einfluss der mitwirkenden Betonzugzone wird hier vernachlässigt. In Abschnitt 5 wird ein entsprechender
Korrekturvorschlag zur Berücksichtigung dieses Einflusses gemacht.

Die Gleichgewichtsbedingungen werden bezüglich der Betonschweraxe formuliert.

Die Komponentenbedingung lautet:

$$P = \int_{F_b} \sigma_b \, dF_b + \sigma_e' F_e' + \sigma_e F_e \qquad (4.1)$$

und die Momentenbedingung:

$$M = P \cdot e = \int_{F_b} \sigma_b (x-x_o) \, dF_b + \sigma_e' F_e' \left(\frac{d}{2} - h'\right) + \sigma_e F_e \left(\frac{d}{2} - h\right) \qquad (4.2)$$

Um die M - φ - Diagramme unabhängig von den Absolutwerten
der Querschnittsabmessungen darstellen zu können, werden
die dimensionslose Druckkraft

$$p = \frac{P}{\beta bd} \qquad (4.3)$$

und das dimensionslose Moment

$$m = \frac{M}{\beta b h^2} \qquad (4.4)$$

eingeführt.

Die Gleichgewichtsbedingungen können damit umgeschrieben werden:

$$p = p_b + p_e + p_e' \qquad (4.5)$$

$$m = m_b + m_e + m_e' \qquad (4.6)$$

Mit den Abkürzungen $\gamma = \frac{d}{h}$, $\gamma' = \frac{d}{h'}$, $\delta = \frac{h'}{h}$, $\mu = \frac{F_e}{bh}$ und $\mu' = \frac{F_e'}{bh}$ lassen sich die einzelnen Summanden wie folgt darstellen:

$$p_b = \frac{1}{\beta b d} \int_{F_b} \sigma_b dF_b \qquad (4.7)$$

$$p_e = \frac{\sigma_e}{\beta} \cdot \frac{\mu}{\gamma} \qquad (4.8)$$

$$p_e' = \frac{\sigma_e'}{\beta} \cdot \frac{\mu'}{\gamma} \qquad (4.9)$$

$$m_b = \frac{1}{\beta b h^2} \int_{F_b} \sigma_b (x - x_o) \, dF_b \qquad (4.10)$$

$$m_e = \frac{\sigma_e}{\beta} \cdot \mu \left(\frac{\gamma}{2} - 1\right) \qquad (4.11)$$

$$m_e' = \frac{\sigma_e'}{\beta} \cdot \mu' \left(\frac{\gamma}{2} - \delta\right) \qquad (4.12)$$

Die Grössen p und m sind Funktionen der Dehnungen:

$$p = p_b(\varepsilon_{bo}, \varepsilon_e) + p_e(\varepsilon_e) + p_e'(\varepsilon_{bo}, \varepsilon_e) \qquad (4.13)$$

$$m = m_b(\varepsilon_{bo}, \varepsilon_e) + m_e(\varepsilon_e) + m_e'(\varepsilon_{bo}, \varepsilon_e) \qquad (4.14)$$

Da p und m im allgemeinen gegebene Grössen sind, sollte
dieses Gleichungssystem nach den Unbekannten ε_{bo} und ε_e
aufgelöst werden, was sich jedoch als zu kompliziert er-
weist. Die Auflösung erfolgte daher durch ein Iterationsverfahren und wurde elektronisch durchgeführt. Die entsprechenden Blockdiagramme sind in Bild 4.14 und Bild
4.15 dargestellt.

4.3 Elemente der Gleichgewichtsbedingungen für Kurzzeit-
belastungen

4.3.1 Neutralaxe im Querschnitt

Bezüglich der Dehnungen ε_{bo}, ε_e und ε_e' sind folgende Fälle
möglich:

Für den Beton   1. $\varepsilon_{bo} \leqq \varepsilon_{b1}$

                      2. $\varepsilon_{bo} > \varepsilon_{b1}$

Für den Stahl   3. $|\varepsilon_e| \leqq |\varepsilon_p|$

                      4. $|\varepsilon_e| > |\varepsilon_p|$

                      5. $\varepsilon_e' \leqq \varepsilon_p'$

                      6. $\varepsilon_e' > \varepsilon_p'$

Für die Spannungsverteilung im Beton wird die $\sigma - \varepsilon$ - Kurve
nach Bild 3.3, für die Stahlspannungen wird die $\sigma - \varepsilon$ - Kurve
nach Bild 3.8 verwendet. ε_{b1} ist durch Formel (3.1) gegeben,
ε_p und ε_p' werden aus σ_p (Formel (3.18)) berechnet.

Die bezogene Höhe der Biegedruckzone und die Stahldehnung
ε_e' lassen sich durch die Dehnungen ε_{bo} und ε_e ausdrücken:

$$\xi = \frac{x_1}{h} = \frac{\varepsilon_{bo}}{\varepsilon_{bo} - \varepsilon_e} \tag{4.15}$$

$$\varepsilon_e' = \varepsilon_{bo} - \delta(\varepsilon_{bo} - \varepsilon_e) \tag{4.16}$$

Im folgenden werden für die Fälle 1 bis 6 die Grössen p und
m zusammengestellt:

<u>Fall 1</u> $\qquad \varepsilon_{bo} \leq \varepsilon_{b1}$

$\qquad\qquad$ Für σ_b gilt die Beziehung (3.2).

$$p_b = \frac{b}{\beta b d} \int_{x=o}^{x=x_1} [E_b \cdot \frac{\varepsilon_{bo}}{x_1} x - \frac{E_b^2}{4\beta}(\frac{\varepsilon_{bo}}{x_1})^2 x^2] dx$$

$$p_b = \frac{1}{\gamma}(\frac{\varepsilon_{bo}}{\varepsilon_{b1}} - \frac{\varepsilon_{bo}^2}{3\varepsilon_{b1}^2}) \xi \tag{4.17}$$

$$m_b = \frac{b}{\beta b h^2} \int_{x=o}^{x=x_1} [E_b \cdot \frac{\varepsilon_{bo}}{x_1} x + \frac{E_b^2}{4\beta}(\frac{\varepsilon_{bo}}{x_1})^2 x^2] \cdot (x-x_o) dx$$

$$m_b = p_b \cdot \frac{\gamma}{2} [\gamma - \frac{1}{2}(\frac{4\varepsilon_{b1} - \varepsilon_{bo}}{3\varepsilon_{b1} - \varepsilon_{bo}}) \cdot \xi] \tag{4.18}$$

__Fall 2__ $\varepsilon_{bo} > \varepsilon_{b1}$

Für σ_b gelten die Beziehungen (3.2) und (3.3).

$$p_b = \frac{1}{\gamma}(1 - \frac{\varepsilon_{b1}}{3\varepsilon_{bo}}) \cdot \xi \qquad (4.19)$$

$$m_b = p_b \cdot \frac{\gamma^2}{2} + (\frac{\varepsilon_{b1}}{3\varepsilon_{bo}} - \frac{\varepsilon_{b1}^2}{12\varepsilon_{bo}^2} - \frac{1}{2}) \cdot \xi^2 \qquad (4.20)$$

__Fall 3__ $|\varepsilon_e| \leq |\varepsilon_p|$

Für σ_e gilt die Beziehung (3.12).

$$p_e = \frac{E_e}{\beta} \cdot \frac{\mu}{\gamma} \cdot \varepsilon_e \qquad (4.21)$$

$$m_e = p_e \cdot \gamma \left(\frac{\gamma}{2} - 1\right) \qquad (4.22)$$

__Fall 4__ $|\varepsilon_e| > |\varepsilon_p|$

Für σ_e gilt die Beziehung (3.14),

(β_z und σ_p sind negativ).

$$p_e = \frac{1}{\beta} \cdot \frac{\mu}{\gamma} \left[\beta_z - \frac{(\beta_z - \sigma_p)^2}{E_e \varepsilon_e - 2\sigma_p + \beta_z}\right] \qquad (4.23)$$

m_e nach (4.22)

Fall 5 $\varepsilon'_e \leq \varepsilon'_p$

Für σ'_e gilt die Beziehung (3.12).

$$p'_e = \frac{E_e}{\beta} \cdot \frac{\mu'}{\gamma} \cdot \varepsilon'_e \tag{4.24}$$

$$m'_e = p'_e \cdot \gamma(\frac{\gamma}{2} - \delta) \tag{4.25}$$

Fall 6 $\varepsilon'_e > \varepsilon'_p$

Für σ'_e gilt die Beziehung (3.14),

(β_z und σ_p sind negativ).

$$p'_e = \frac{1}{\beta} \cdot \frac{\mu'}{\gamma} \left[\frac{(\beta_z - \sigma_p)^2}{-E_e \varepsilon'_e - 2\sigma_p + \beta_z} - \beta_z \right] \tag{4.26}$$

m'_e nach (4.25)

4.3.2 Neutralaxe ausserhalb des Querschnitts

Der gesamte Querschnitt ist ausschliesslich durch Druck-spannungen beansprucht.

Die Stauchung ε_{bu} am unteren Querschnittsrand beträgt:

$$\varepsilon_{bu} = \varepsilon_{bo} - \gamma(\varepsilon_{bo} - \varepsilon_e) \tag{4.27}$$

Bezüglich der Dehnungen ε_{bo}, ε_{bu}, ε_e und ε_e' sind folgende Fälle möglich:

Für den Beton

7. $\varepsilon_{bo} \lessgtr \varepsilon_{b1}$ und $\varepsilon_{bu} \lessgtr \varepsilon_{b1}$

8. $\varepsilon_{bo} > \varepsilon_{b1}$ und $\varepsilon_{bu} < \varepsilon_{b1}$

9. $\varepsilon_{bo} > \varepsilon_{b1}$ und $\varepsilon_{bu} \geq \varepsilon_{b1}$

Für den Stahl

10. $\varepsilon_e \lessgtr \varepsilon_p'$

11. $\varepsilon_e > \varepsilon_p'$

5. $\varepsilon_e' \lessgtr \varepsilon_p'$ ⎫
6. $\varepsilon_e' > \varepsilon_p'$ ⎭ siehe 4.3.1

Die Grössen p_b und m_b können aus der Ueberlagerung einer Druckkraft P_{bo} und einer Zugkraft P_{bu} berechnet werden (Bild 4.2).

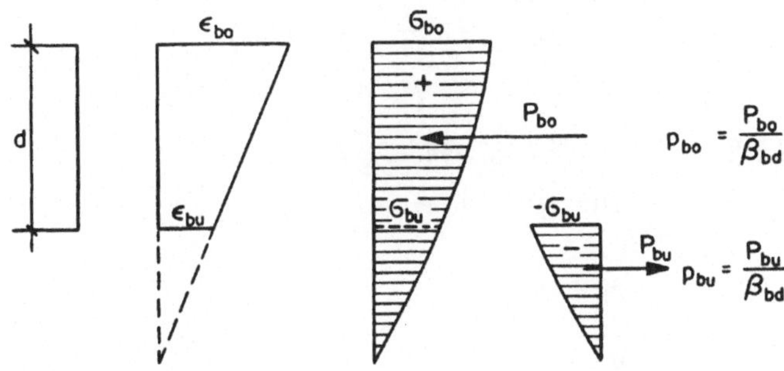

Bild 4.2: Berechnung von p_b und m_b aus der Superposition von p_{bo}, m_{bo} und p_{bu}, m_{bu}.

-52-

__Fall 7__ $\varepsilon_{bo} \leq \varepsilon_{b1}$ und $\varepsilon_{bu} \leq \varepsilon_{b1}$

Für p_{bo} gilt die Formel (4.17).

$$p_{bu} = \frac{1}{\gamma} \left(\frac{\varepsilon_{bu}^2}{3\varepsilon_{b1}^2} - \frac{\varepsilon_{bu}}{\varepsilon_{b1}} \right) \cdot (\xi - \gamma) \tag{4.28}$$

$$p_b = p_{bo} + p_{bu} \tag{4.29}$$

Für m_{bo} gilt die Formel (4.18).

$$m_{bu} = p_{bu} \cdot \frac{\gamma}{2} \left[- \gamma - \frac{1}{2} \left(\frac{4\varepsilon_{b1} - \varepsilon_{bu}}{3\varepsilon_{b1} - \varepsilon_{bu}} \right) \cdot (\xi - \gamma) \right] \tag{4.30}$$

$$m_b = m_{bo} + m_{bu} \tag{4.31}$$

__Fall 8__ $\varepsilon_{bo} > \varepsilon_{b1}$ und $\varepsilon_{bu} < \varepsilon_{b1}$

Für p_{bo} gilt Formel (4.19)

$$
\begin{array}{lcl}
p_{bu} & \rightarrow & (4.28) \\
p_b & \rightarrow & (4.29) \\
m_{bo} & \rightarrow & (4.20) \\
m_{bu} & \rightarrow & (4.30) \\
m_b & \rightarrow & (4.31)
\end{array}
$$

__Fall 9__ $\varepsilon_{bo} > \varepsilon_{b1}$ und $\varepsilon_{bu} \geq \varepsilon_{b1}$

Für σ_b gilt die Beziehung (3.3).

$$p_b = 1 \tag{4.32}$$

$$m_b = 0 \tag{4.33}$$

Fall 10 $\quad \varepsilon_e \lesseqgtr \varepsilon_p'$

Für p_e gilt Formel (4.21).

Für m_e gilt Formel (4.22).

Fall 11 $\quad \varepsilon_e > \varepsilon_p'$

Für σ_e gilt die Beziehung (3.14),

(β_z und σ_p sind negativ).

$$p_e = \frac{1}{\beta} \cdot \frac{\mu}{\gamma} \left[\frac{(\beta_z - \sigma_p)^2}{-E_e \varepsilon_e - 2\sigma_p + \beta_z} - \beta_z \right] \qquad (4.34)$$

Für m_e gilt Formel (4.22).

4.4 Einfluss von Dauerbelastungen auf die Momenten-Krümmungs-beziehung

4.4.1 Zeitliche Aenderung der Spannungen und Dehnungen

Für die Untersuchungen dieses Abschnitts wird einfachheits-
halber vorausgesetzt, dass die am Element wirkenden Schnittkräfte P und M vom Zeitpunkt der Lastaufbringung t = 0 bis
zum betrachteten Zeitpunkt $t = t_1$ konstant sind. Auf das
Problem der Erfassung zeitlich veränderlicher Schnittkräfte
wird in Abschnitt 7.1.2 eingegangen.

Bild 4.3 zeigt die zeitlichen Veränderungen von Spannungen
und Dehnungen infolge Dauerlast. Die Zunahme der Betonstau-
chungen bewirkt eine Vergrösserung der Betondruckzone und
damit eine Verminderung der mittleren Betondruckspannung.
Der Hebelarm der inneren Kräfte wird verkleinert, während
die Stahlzugspannungen vergrössert werden.

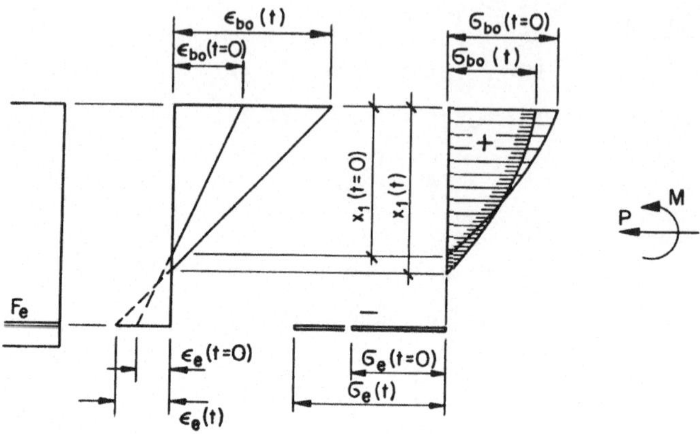

Bild 4.3: Verteilung der Spannungen und Dehnungen im gerissenen, exzentrisch gedrückten Stahlbetonquerschnitt vor und nach dem Kriechen.

Die üblichen Ansätze zur Berechnung von Kriechverformungen beruhen im allgemeinen auf folgenden Voraussetzungen:

- Die Kriechzahl $\varphi(t) = \dfrac{\epsilon_k(t)}{\epsilon_{b\,el}}$ wird als unabhängig von den Spannungen betrachtet.

- Für Stahl und Beton werden lineare Spannungs-Dehnungsbeziehungen angenommen.

- Für den zeitlichen Verlauf des Kriechens wird meistens eine Exponentialfunktion der Form $\varphi(t) = \varphi_\infty \left[1 - e^{-kt}\right]$ angesetzt.

Unter diesen Voraussetzungen ist es möglich, ein System von zwei Differentialgleichungen für die Unbekannten $\epsilon_{bo}(t)$ und $\epsilon_e(t)$ zu formulieren. Die Auflösung dieses Gleichungssystems kann für kleine Exzentrizitäten (homogener Querschnitt) noch explizit durchgeführt werden. Für grosse Exzentrizitäten (gerissener Querschnitt) ist ein Iterationsverfahren erfor-

derlich [10]. Das tatsächliche Verhalten der Baustoffe
zeigt jedoch bedeutende Abweichungen von den beschriebenen
Idealisierungen. In Abschnitt 3 wurde sowohl auf den
nichtlinearen Spannungs-Dehnungs-Zusammenhang als auch
auf die ausgeprägte Abhängigkeit der Kriechzahl von der
Grösse der Spannungen hingewiesen. Die erwähnten Berechnungsmethoden ergeben daher meistens nur im Bereich der
zulässigen Lasten befriedigende Resultate.

Ein Verfahren, das die tatsächlichen Verhältnisse wohl am
besten zu erfassen vermag, ist die "Rate of Creep"-Methode,
wie sie z.B. in [16] beschrieben wird. Bei diesem Verfahren
wird der Querschnitt horizontal segmentiert. Jedem Segment
wird eine eigene Spannungs-Dehnungs-Zeitfunktion zugeord-
net. Damit wird die Belastungs-Vorgeschichte für jedes
Segment erfasst. Dieses Rechenverfahren ist sehr aufwendig und daher ausschliesslich an die Verwendung elektro-
nischer Rechenautomaten gebunden. Es stellt sich aber
auch die Frage, ob die dabei gewonnene Genauigkeit nicht
infolge der bedeutenden Streuungen der Kriechfunktion frag-
würdig wird.

4.4.2 Berechnungsvorschlag für Kriechverformungen

Die im Zeitpunkt t_1 vorhandene Verformung kann in erster
Näherung wie eine Kurzzeitverformung, aus der zur Zeit t_1
gültigen Spannungs-Dehnungsfunktion (nach Bild 3.7) berechnet werden. Angenommen, die Betonspannungen blieben in
allen Fällen während der gesamten Belastungszeit konstant,
so würden diese Verformungen mit den exakten theoretischen Werten übereinstimmen. Mit der zeitlich abhängigen
Vergrösserung der Betondruckzone (gerissener Querschnitt)
ist aber eine ständige Abnahme der mittleren Betondruckspannung σ_{bm} verbunden. Die gleiche Wirkung auf σ_{bm} hat

auch eine Druckarmierung. Durch die zunehmenden Stauchungen
werden die Stahleinlagen der Druckzone stärker beansprucht,
was zu einer Entlastung des Betons führt. Die beschriebene
erste Näherungsberechnung ergibt deshalb im allgemeinen
zu kleine Kriechverformungen.

Die mittlere Betondruckspannung $\sigma_{bm}(t)$ ist gegeben durch

$$\sigma_{bm}(t) = \frac{P_b(t)}{F_b'(t)} \qquad (4.35)$$

In (4.35) bedeuten $P_b(t)$ und $F_b'(t)$ die zur Zeit t wirkende Betondruckkraft und die gedrückte Betonfläche. Um die
Formulierung der zeitlichen Abhängigkeit von $\sigma_{bm}(t)$ - und
damit der Differentialgleichung - zu umgehen, wird die
Berechnung an einem Querschnitt mit reduzierter Breite b_w
durchgeführt (Bild 4.4). Die Berechnung an diesem transformierten Querschnitt mit der zur Zeit t_1 gültigen Spannungs-
Dehnungsfunktion soll die gesuchten Dehnungen $\varepsilon_{bo}(t_1)$ und
$\varepsilon_e(t_1)$ ergeben. Für die wirksame, reduzierte Querschnittsbreite b_w im Zeitintervall $(0,t_1)$ wird ein empirischer
Ansatz untersucht:

$$b_w(0,t_1) = \frac{2\bar{\sigma}_{bm}(t_1)}{\sigma_{bm} + \bar{\sigma}_{bm}(t_1)} \cdot b = \kappa(0,t_1) \cdot b \qquad (4.36)$$

σ_{bm} wird aus (4.35) mit der zur Zeit t = 0 gültigen
σ_b - ε_b - Funktion, $\bar{\sigma}_{bm}(t_1)$ wird in gleicher Weise aus
(4.35) mit der zur Zeit t_1 gültigen σ_b - ε_b - Funktion
berechnet.

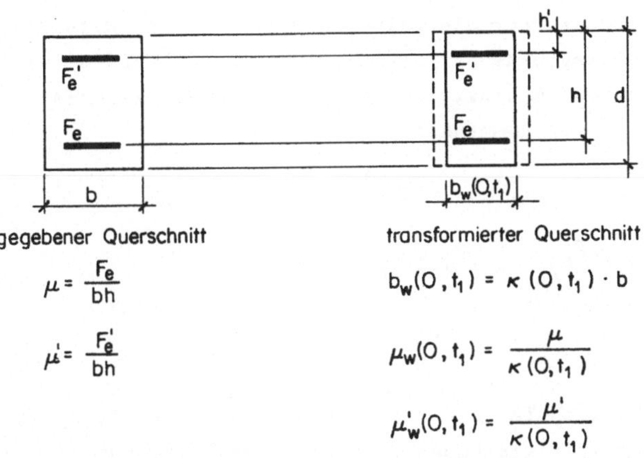

$$\mu = \frac{F_e}{bh} \qquad\qquad b_w(O,t_1) = \kappa(O,t_1) \cdot b$$

$$\mu' = \frac{F'_e}{bh} \qquad\qquad \mu_w(O,t_1) = \frac{\mu}{\kappa(O,t_1)}$$

$$\mu'_w(O,t_1) = \frac{\mu'}{\kappa(O,t_1)}$$

Bild 4.4 : Transformation des Querschnitts für die Berechnung der Kriechverformungen ($\kappa(O,t_1) < 1$).

Eine erste Ueberprüfung des Ansatzes (4.36) wird hier am
Beispiel des zentrisch gedrückten, armierten Rechteckquer-
schnitts durchgeführt. Um einen Vergleich mit dem bekannten
Verfahren von Dischinger [17] anstellen zu können, sollen
im folgenden die Voraussetzungen dieses Verfahrens erfüllt
sein (lineare σ_b - ϵ_b - Funktion, konstante Kriechzahl φ_∞,
gegebene Kriechdifferentialgleichung).

- Berechnung nach der Theorie von Dischinger -

Die Kriechdifferentialgleichung nach Dischinger hat die Form

$$\frac{d\epsilon_b(t)}{dt} = \frac{1}{E_b}\frac{d\sigma_b}{dt} + \frac{\sigma_b}{E_b} \cdot \frac{d\varphi(t)}{dt} + \frac{\epsilon_{s\infty}}{\varphi_\infty} \cdot \frac{d\varphi(t)}{dt} \qquad (4.37)$$

Der dritte Summand in (4.37) erfasst den Einfluss des Schwindens. Für die weiteren Betrachtungen wird dieser Anteil weggelassen. Der Einfluss des Schwindens wird im folgenden Abschnitt 4.5 untersucht. Bei linearem $\sigma_b - \varepsilon_b$ - Zusammenhang gilt

$$\varphi(t) = \frac{\varepsilon_k(t)}{\varepsilon_{b\ el}} \tag{4.38}$$

Mit $\mu = {F_e}/{F_b}$ und der Abkürzung

$$\lambda = \frac{n\mu}{1+n\mu} \tag{4.39}$$

ergibt sich für die bezogene Umlagerungskraft Δp_b die Differentialgleichung (ausführliche Ableitung in [18]):

$$\frac{d\ \Delta p_b}{d\varphi(t)} + \lambda\ (p_b + \Delta p_b) = 0 \tag{4.40}$$

mit der Lösung (nach abgeschlossenem Kriechen)

$$\Delta p_b = -\ p_b\ (1 - e^{-\lambda \varphi_\infty}) \tag{4.41}$$

Aus (4.41) kann die mittlere Endspannung nach (4.35) berechnet werden

$$\sigma_{bm}(t_\infty) = \frac{P_b(t_\infty)}{F_b'(t_\infty)} = \beta \cdot (p_b + \Delta p_b)$$

$$= \beta \cdot p\ \frac{1}{1 + n\mu} \cdot e^{-\lambda \varphi_\infty} \tag{4.42}$$

- Berechnung mit vorgeschlagenem Verfahren -

Zuerst wird die mittlere Betondruckspannung im Zeitpunkt der Lastaufbringung berechnet:

$$\sigma_{bm} = \beta \cdot p_b = \beta \cdot p\ \frac{1}{1 + n\mu} \tag{4.43}$$

Die Kriechwirkung kann durch die Reduktion des E_b - Moduls ausgedrückt werden:

$$E_b(t_\infty) = \frac{E_b}{1 + \varphi_\infty} \tag{4.44}$$

oder mit $n(t) = \dfrac{E_e}{E_b(t)}$ folgt

$$n(t_\infty) = n\,(1 + \varphi_\infty) \tag{4.45}$$

damit ergibt sich für $\bar{\sigma}_{bm}(t_\infty)$:

$$\bar{\sigma}_{bm}(t_\infty) = \beta \cdot p\, \frac{1}{1 + n(1 + \varphi_\infty)\mu} \tag{4.46}$$

und für $\kappa(0,t_\infty)$ nach (4.36):

$$\kappa(0,t_\infty) = \frac{1}{1 + \lambda \dfrac{\varphi_\infty}{2}} \tag{4.47}$$

Die Reduktion der Querschnittsbreite bewirkt eine Vergrösserung von μ:

$$\mu_W(0,t_\infty) = \frac{1}{\kappa(0,t_\infty)} \cdot \mu = \mu\,(1 + \lambda\,\frac{\varphi_\infty}{2}) \tag{4.48}$$

Die für das Kriechen massgebende, wirksame mittlere Betonspannung $\sigma_{bw}(0,t_\infty)$ ergibt sich am transformierten Querschnitt zu

$$\sigma_{bw}(0,t_\infty) = \beta \cdot p \, \frac{1}{\kappa(0,t_\infty) \cdot [1 + n(t_\infty) \cdot \mu_w(0,t_\infty)]}$$

$$= \beta \cdot p \, \frac{1 + \lambda \, \dfrac{\varphi_\infty}{2}}{1 + n\mu \, (1 + \varphi_\infty)(1 + \lambda\dfrac{\varphi_\infty}{2})} \tag{4.49}$$

$\sigma_{bw}(0,t_\infty)$ liegt zwischen den Spannungen σ_{bm} und $\bar{\sigma}_{bm}(t_\infty)$. Aus $\sigma_{bw}(0,t_\infty)$ kann die Endspannung $\sigma_{bm}(t_\infty)$ durch Rücktransformation berechnet werden

$$\sigma_{bm}(t_\infty) = \kappa(0,t_\infty) \cdot \sigma_{bw}(0,t_\infty)$$

$$= \beta \cdot p \, \frac{1}{1 + n\mu(1 + \varphi_\infty)(1 + \lambda \, \dfrac{\varphi_\infty}{2})} \tag{4.50}$$

Bild 4.5 zeigt die Anfangsspannung σ_{bm} nach (4.43), die genäherte Endspannung $\bar{\sigma}_{bm}(t_\infty)$ nach (4.46), die wirksame Spannung $\sigma_{bw}(0,t_\infty)$ am transformierten Querschnitt nach (4.49), die Endspannungen nach (4.42) und (4.50). Die nach (4.50) berechneten Werte des Näherungsverfahrens stimmen gut mit den entsprechenden Werten der Theorie von Dischinger (4.42) überein.

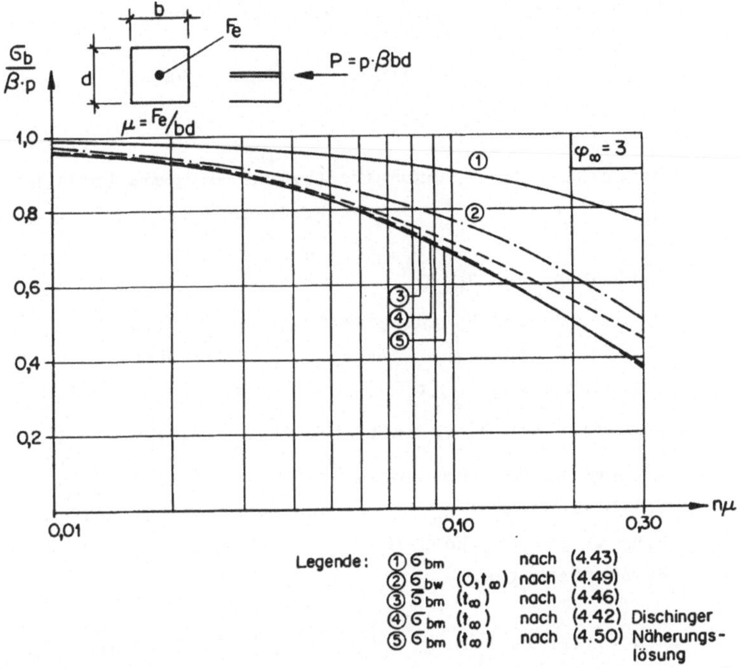

Legende:
① σ_{bm} nach (4.43)
② $\sigma_{bw}\,(0,t_\infty)$ nach (4.49)
③ $\sigma_{bm}\,(t_\infty)$ nach (4.46)
④ $\sigma_{bm}\,(t_\infty)$ nach (4.42) Dischinger
⑤ $\sigma_{bm}\,(t_\infty)$ nach (4.50) Näherungs-lösung

Bild 4.5 : Betonspannungen am zentrisch gedrückten Betonquerschnitt für $\varphi_\infty = 3$ in Funktion von $n\mu$. Vergleich der Endspannungen $\sigma_{bm}(t_\infty)$ nach Dischinger (4.42) mit der Näherungslösung (4.50).

Wie auch die folgenden Vergleichsberechnungen zeigen werden, sind die Resultate der vorgeschlagenen Kriechberechnungsmethode sehr zufriedenstellend. Dies ist zum Teil darauf zurückzuführen, dass bereits der erste Rechnungsgang mit der zur Zeit t_1 gültigen σ_b - ε_b - Funktion eine gute Näherung der Kriechverformungen liefert. Die Reduktion der Querschnittsbreite ist im allgemeinen gering, so dass sich Ungenauigkeiten und Fehlereinflüsse bei der Berechnung

von $b_w(0,t_1)$ mit dem empirischen Ansatz (4.36) nur schwach
auf das endgültige Ergebnis auswirken können.

Zusammenfassend lässt sich das Rechenverfahren wie folgt
beschreiben:

1. Berechnung der Spannungsverteilung im Querschnitt mit
   der zur Zeit $t = 0$ (Belastungsbeginn) gültigen σ_b - ε_b -
   Beziehung.
   Berechnung von σ_{bm}.

2. Berechnung der Spannungsverteilung im Querschnitt mit
   der zur Zeit t_1 gültigen σ_b - ε_b - Beziehung.
   Berechnung von $\bar{\sigma}_{bm}(t_1)$.

3. Reduktion der Querschnittsbreite $b_w(0,t_1) = \kappa(0,t_1) \cdot b$

4. Berechnung der Spannungen und Dehnungen mit der zur Zeit
   t_1 gültigen σ_b - ε_b - Beziehung am transformierten Querschnitt der Breite $b_w(0,t_1)$. Rücktransformation der
   Betonspannungen.

Dieses Verfahren kann grundsätzlich bei beliebigen, axial-
symmetrischen Querschnittsformen angewendet werden. Die
variable Querschnittsbreite kann dabei durch eine horizontale Segmentierung numerisch berücksichtigt werden.

Im folgenden wird die Uebereinstimmung der Kriechverformungen dieses Näherungsverfahrens mit der Theorie von Dischinger
geprüft. Für die Vergleichsrechnungen wird daher eine lineare Spannungs-Dehnungsfunktion und eine konstante Kriechzahl
angenommen. Die Entwicklung des Näherungsverfahrens wurde
aber unabhängig von der Form und der Veränderlichkeit der
σ_b - ε_b - Funktion durchgeführt. Aus einer guten Uebereinstimmung der Resultate darf deshalb - trotz der einschrän-
kenden Voraussetzungen der Vergleichsberechnung - auf eine
allgemeine Gültigkeit dieses Näherungsverfahrens geschlos-
sen werden.

Ueberprüfung_des_Berechnungsvorschlages

a)_Stahlbetonquerschnitt_unter_zentrischem_Druck

- Berechnung nach der Theorie von Dischinger -

Die Umlagerungskräfte Δp_b und Δp_e müssen im Gleichgewicht sein:

$$\Delta p_b + \Delta p_e = 0 \tag{4.51}$$

Die Kriechstauchung kann aus der Stahlspannungsänderung $\Delta \sigma_e$ berechnet werden:

$$\varepsilon_{bk}(t_\infty) = \frac{\Delta \sigma_e}{E_e} = \frac{\Delta p_e \cdot \beta}{E_e \, \mu} \tag{4.52}$$

Berücksichtigt man für Δp_e die Gleichungen (4.41) und (4.51) so ergibt sich $\varepsilon_{bk}(t_\infty)$ zu:

$$\varepsilon_{bk}(t_\infty) = \frac{\beta \cdot p_b}{E_e \, \mu} (1 - e^{-\lambda \varphi_\infty}) \tag{4.53}$$

Als Kriechstauchungskoeffizient $\eta_{\varepsilon_b}(t_\infty)$ wird das Verhältnis zwischen Kriechstauchung und elastischer Stauchung definiert:

$$\eta_{\varepsilon_b}(t_\infty) = \frac{\varepsilon_{bk}(t_\infty)}{\varepsilon_{b\,el}} = \frac{1}{n\mu} (1 - e^{-\lambda \varphi_\infty}) \tag{4.54}$$

- Berechnung mit vorgeschlagenem Verfahren -

Die wirksame Betondruckspannung wurde bereits oben berechnet (4.49). Für die Stauchung $\varepsilon_b(t_\infty)$ ergibt sich

$$\varepsilon_b(t_\infty) = \frac{\sigma_{bw}(0,t_\infty)}{E_b(t_\infty)} = \frac{\beta}{E_b} \cdot p \cdot \frac{(1 + \varphi_\infty)(1 + \lambda\frac{\varphi_\infty}{2})}{1 + n\mu(1 + \varphi_\infty)(1 + \lambda\frac{\varphi_\infty}{2})}$$

$$(4.55)$$

Mit der elastischen Stauchung

$$\varepsilon_{b\ el} = \frac{\beta}{E_b} \cdot p \cdot \frac{1}{1+n\mu} \qquad (4.56)$$

und der Endstauchung $\varepsilon_b(t_\infty)$ nach (4.55) kann der Kriechstauchungskoeffizient $\eta_{\varepsilon_b}(t_\infty)$ berechnet werden:

$$\eta_{\varepsilon_b}(t_\infty) = \frac{\varepsilon_b(t_\infty) - \varepsilon_{b\ el}}{\varepsilon_{b\ el}}$$

$$\eta_{\varepsilon_b}(t_\infty) = \frac{(1 + n\mu)(1 + \varphi_\infty)(1 + \lambda\frac{\varphi_\infty}{2})}{1 + n\mu(1 + \varphi_\infty)(1 + \lambda\frac{\varphi_\infty}{2})} - 1$$

$$(4.57)$$

Bild 4.6 zeigt den Kriechstauchungskoeffizienten $\eta_{\varepsilon_b}(t_\infty)$ für verschiedene φ_∞ in Abhängigkeit von $n\mu$. Aus Bild 4.6 sind auch die Abweichungen der Näherungslösung (4.57) (ausgezogene Linien) von der Funktion (4.54) (gestrichelte Linien) ersichtlich.

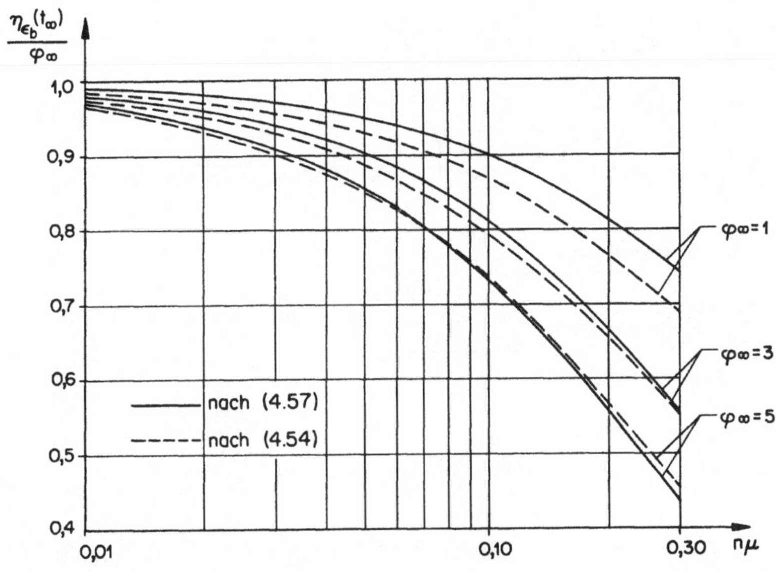

Bild 4.6: Kriechstauchungskoeffizient des zentrisch gedrückten Stahlbetonquerschnitts in Funktion von $n\mu$. Vergleich von $\eta_{\epsilon_b}(t_\infty)$ nach Dischinger (4.54) mit der Näherungslösung (4.57).

b)_Ungerissener_Stahlbetonquerschnitt,_geringe_Exzentrizität der_Druckkraft

- Berechnung nach der Theorie von Dischinger -

Neben der Umlagerungskraft Δp_b wird im allgemeinen Fall ($\mu' \neq 0$) auch ein Umlagerungsmoment Δm_b auftreten.

Aus den Gleichgewichtsbedingungen, dem Hook'schen Gesetz und
der Hypothese der linearen Dehnungsverteilung ergeben sich
für Δp_b und Δm_b zwei Bedingungsgleichungen:

$$\Delta p_b \left(1 + \frac{\varphi_\infty}{2} + \frac{1}{n(\mu+\mu')}\right) + \Delta m_b \frac{1}{n} \frac{\alpha_1}{\alpha_2} + p_b \varphi_\infty = 0$$

$$\Delta p_b \alpha_1 \left(1 + \frac{\varphi_\infty}{2}\right) - \Delta m_b \left(1 + \frac{\varphi_\infty}{2} + \frac{1}{12\,n\alpha_2}\right) + m_b \varphi_\infty = 0 \tag{4.58}$$

darin bedeuten

$$\alpha_1 = \frac{\mu\gamma'+\mu'\gamma}{(\mu+\mu')\gamma\gamma'} - \frac{1}{2}$$

$$\alpha_2 = \mu\left(\frac{1}{\gamma} - \alpha_1 - \frac{1}{2}\right)^2 + \mu'\left(\frac{1}{2} - \frac{1}{\gamma'} + \alpha_1\right)^2 \tag{4.59}$$

Bei der Formulierung von (4.58) wurde der Näherungsansatz
verwendet, dass für das Kriechen die mittlere Umlagerungskraft $\Delta p_b/2$ und das mittlere Umlagerungsmoment $\Delta m_b/2$ massgebend sind (ausführliche Herleitung in [18]).

Für den Fall $\mu = \mu'$ wird das System (4.58) linear unabhängig
($\alpha_1 = 0$), Δm_b wird direkt proportional zu m_b und Δp_b zu p_b.
Für den Fall $\mu' = 0$ wird $\Delta m_b = 0$ ($\alpha_2 = 0$).

Die Krümmung ϕ zur Zeit $t = 0$ beträgt

$$\phi = \frac{12\beta}{\gamma^2 \cdot d \cdot E_b}\, m_b \tag{4.60}$$

und nach abgeschlossenem Kriechen

$$\phi(t_\infty) = \frac{12\beta}{\gamma^2 \cdot d \cdot E_b} \left[m_b (1 + \varphi_\infty) + (\Delta p_b \alpha_1 - \Delta m_b)(1 + \frac{\varphi_\infty}{2}) \right] \qquad (4.61)$$

Mit (4.60) und (4.61) kann - analog zum Kriechstauchungs-koeffizient - ein Kriechkrümmungskoeffizient definiert werden:

$$\eta_\phi(t_\infty) = \frac{\phi_k(t_\infty)}{\phi} = \frac{\phi(t_\infty)}{\phi} - 1 \qquad (4.62)$$

aus (4.60) und (4.61) folgt

$$\eta_\phi(t_\infty) = \varphi_\infty + \frac{\Delta p_b \cdot \alpha_1 - \Delta m_b}{m_b} (1 + \frac{\varphi_\infty}{2}) \qquad (4.63)$$

- Berechnung mit vorgeschlagenem Verfahren -

Aus je einer Spannungsberechnung am ideellen Querschnitt mit den Funktionen $\sigma_b = E_b \varepsilon_b$ und $\sigma_b(t_\infty) = \varepsilon_b E_b / (1 + \varphi_\infty)$ kann σ_{bm} und $\sigma_{bm}(t_\infty)$ berechnet werden. Die Reduktion der Querschnittsbreite ergibt sich aus Gleichung (4.36). Eine Spannungs- und Dehnungsberechnung am reduzierten, ideellen Querschnitt mit der Funktion $\sigma_b(t_\infty) = \varepsilon_b E_b / (1 + \varphi_\infty)$ ergibt die endgültigen Dehnungen. Das Verfahren ist in seiner Anwendung so einfach, dass hier auf eine ausführlichere Darstellung verzichtet wird.

Ein Vergleich der Resultate nach (4.63) mit dem vorgeschlagenen Näherungsverfahren geht aus Bild 4.7 hervor.

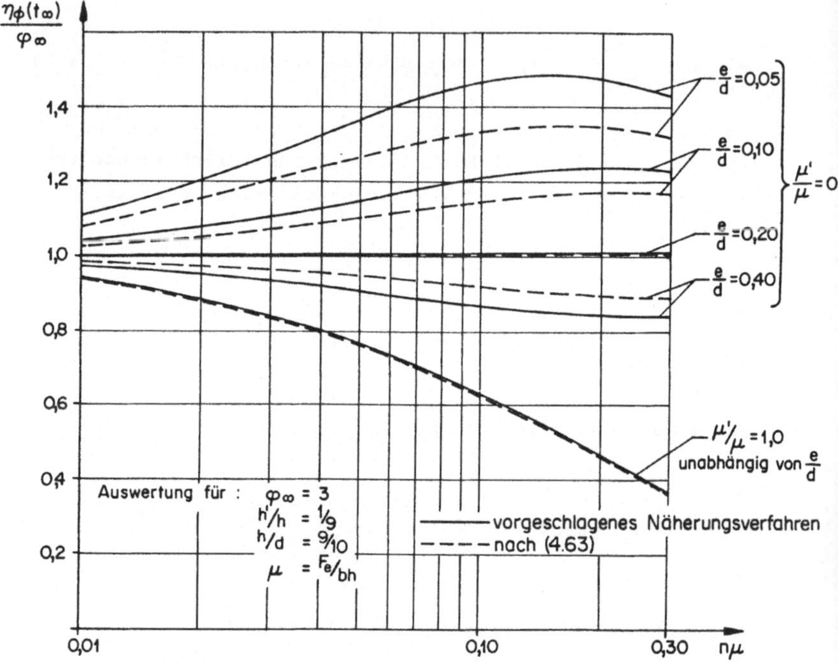

Bild 4.7 : Kriechkrümmungskoeffizient des exzentrisch gedrückten, ungerissenen Stahlbetonquerschnitts für $\varphi\infty$= 3 in Funktion von $n\mu$. Vergleich von $\eta_\phi(t\infty)$ nach Dischinger (4.63) mit der Näherungslösung.

c) Gerissener Stahlbetonquerschnitt, reine Biegung und Biegung mit axialer Druckkraft

Für die Unbekannten $\varepsilon_{bo}(t)$ und $\varepsilon_e(t)$ kann ein System von zwei gewöhnlichen Differentialgleichungen erster Ordnung aufgestellt werden. Die darin auftretenden Koeffizienten sind Funktionen höherer Ordnung der beiden Unbekannten.

Für die Auflösung kommt praktisch nur ein elektronisch durchgeführtes Iterationsverfahren in Frage. Die entsprechenden Herleitungen und numerischen Auswertungen wurden in der Arbeit [10] durchgeführt. Aus dieser Arbeit wurden die Ergebnisse für reine Biegung übernommen und in Bild 4.8 dargestellt (gestrichelte Linien). Die entsprechenden Werte des Näherungsverfahrens (ausgezogene Linien) liegen hier durchwegs etwas höher, d.h. der Kriecheinfluss wird leicht überschätzt. (Die stärkere Zunahme von $n_\phi(t_\infty)$ nach der exakten Lösung für $\mu'/\mu = 0.2$ und $\mu'/\mu = 0.4$ bei $n\mu > 0.10$ ist auf das in [10] mitberücksichtigte Fliessen der Druckarmierung zurückzuführen).

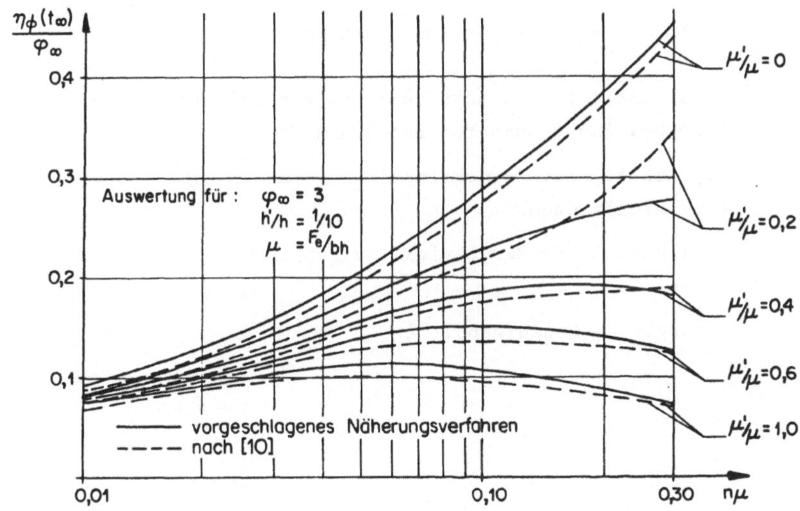

Bild 4.8 : Kriechkrümmungskoeffizient des gerissenen Stahlbetonquerschnitts, unter reiner Biegung für $\varphi_\infty = 3$ in Funktion von $n\mu$. Vergleich von $\eta_\phi(t_\infty)$ nach der Arbeit [10] – beruhend auf dem Ansatz von Dischinger – mit dem vorgeschlagenen Näherungsverfahren.

<u>Allgemeines Ergebnis</u>

In allen untersuchten Fällen ist eine genügende Uebereinstimmung zwischen den Lösungen nach dem Ansatz von Dischinger und der hier vorgeschlagenen Methode festzustellen. Die Abweichungen sind durchwegs kleiner als 15 %.

Die grosse Anzahl Parameter, die das Kriechen beeinflussen, können in einer praktischen Berechnung nur teilweise mitberücksichtigt werden; zudem weisen Kriechverformungen im allgemeinen grosse, zufällige Streuungen auf (siehe Abschnitt 3.1.3). Aus diesen Gründen darf das vorgeschlagene Kriechberechnungsverfahren als eine, für die praktische Anwendung, genügend genaue Methode gewertet werden.

Die besonderen Vorteile dieses Verfahrens können in den folgenden Punkten zusammengefasst werden:

- Möglichkeit zur Berücksichtigung nichtlinearer Spannungs-Dehnungs-Funktionen für Beton und Stahl.

- Möglichkeit zur Berücksichtigung spannungsabhängiger Kriechfunktionen.

- Möglichkeit zur Berücksichtigung beliebiger Querschnittsformen.

- Geringer Rechenaufwand.

4.5 Abschätzung der Schwindverformungen

a) Schwindverkürzung des symmetrisch armierten, ungerissenen Betonquerschnitts

Die Stahleinlagen wirken der Schwindverkürzung des Betons entgegen. Die Behinderung wächst mit zunehmendem Armierungsgehalt. Für die Schwindumlagerungskraft Δp_{bs} kann, analog zu (4.40), die Differentialgleichung

$$\frac{d\,\Delta p_{bs}}{d\varphi(t)} + \lambda(p_{bs} + \Delta p_{bs}) = 0 \qquad (4.64)$$

aufgestellt werden.

In (4.64) ist p_{bs} eine bezogene, fiktive Schwindkraft

$$p_{bs} = \frac{\varepsilon_s E_b}{\beta} \qquad (4.65)$$

Wird für $(1 - e^{-\lambda\varphi_\infty})$ der Näherungswert $\dfrac{\lambda\varphi_\infty}{1 + \frac{\lambda\varphi_\infty}{2}}$ verwendet (vgl. [18]) so ergibt sich die Lösung von (4.64) zu

$$\Delta p_{bs} \cong - p_{bs} \frac{\lambda\varphi_\infty}{1 + \frac{\lambda\varphi_\infty}{2}} \qquad (4.66)$$

Die Schwindverkürzung beträgt:

$$\varepsilon_{bs}(t_\infty) = \varepsilon_{s\infty} - \frac{\Delta p_{bs}\,\beta}{E_b}\left(1 + \frac{\varphi_\infty}{2}\right) \qquad (4.67)$$

Durch Einsetzen von (4.65) und (4.66) in (4.67) ergibt
sich nach einigen Umformungen:

$$\varepsilon_{bs}(t_\infty) = \varepsilon_{s\infty} \cdot \frac{1}{1 + n\mu(1 + \frac{\varphi_\infty}{2})} \qquad (4.68)$$

Dieses Resultat kann physikalisch sehr einfach inter-
pretiert werden:

Im Schwerpunkt der gesamten Armierungsstahlfläche wirkt
eine fiktive Kraft

$$P_s = \varepsilon_{s\infty} \cdot E_e \cdot F_e \qquad (4.69)$$

auf die Stahlfläche (Bild 4.9).

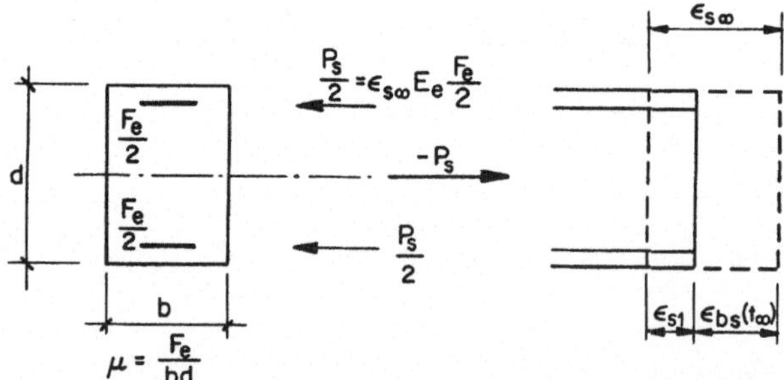

Bild 4.9: Schwindverkürzung eines symmetrischen Stahlbetonquerschnitts,
berechnet mit einer fiktiven Schwindkraft $-P_s$ am ideellen Querschnitt mit der Wertigkeit $n_s = n(1 + \varphi_\infty/2)$.

Um die Gleichgewichtsbedingung zu erfüllen, muss dieselbe fiktive Kraft in umgekehrter Richtung auf den ideellen Querschnitt wirken. Da die fiktive Kraft P_s von null ($t = 0$) auf einen bestimmten Endwert anwächst, kann man die Verformung - näherungsweise - mit einem mittleren E_b-Modul berechnen:

$$n_s = n \; (1 + \frac{\varphi_\infty}{2})$$ (4.70)

Damit kann $\varepsilon_{bs}(t_\infty)$ berechnet werden (Bild 4.9)

$$\varepsilon_{bs}(t_\infty) = \varepsilon_{s\infty} - \varepsilon_{s1}$$ (4.71)

$$\varepsilon_{bs}(t_\infty) = \varepsilon_{s\infty} - \frac{P_s \; n_s}{bd \; (1 + n_s\mu)E_e}$$ (4.72)

mit (4.69) ergibt sich

$$\varepsilon_{bs}(t_\infty) = \varepsilon_{s\infty}(1 - \frac{n_s\mu}{1 + n_s\mu})$$ (4.73)

Die Lösungen (4.68) und (4.73) sind identisch.

b) Schwindkrümmung

Das Schwinden verursacht bei unsymmetrisch armierten, gerissenen und ungerissenen Querschnitten - aber auch bei symmetisch armierten, gerissenen Querschnitten - eine Schwindkrümmung ϕ_s. Diese Schwindkrümmung kann - analog zur Schwindverkürzung - aus der fiktiven Schwindkraft P_s berechnet werden (Bild 4.10).

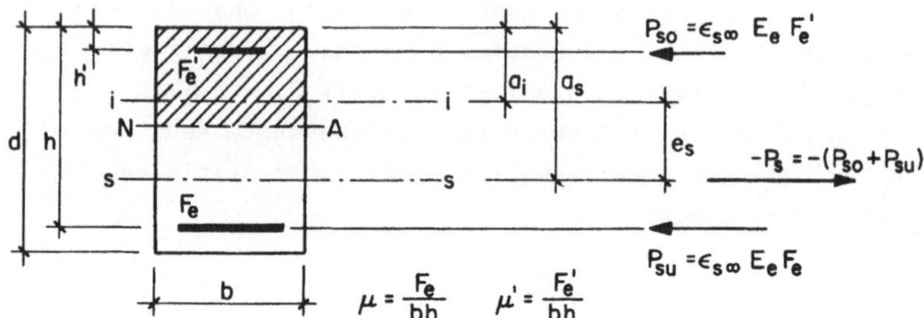

Bild 4.10: Schwindkrümmung eines gerissenen Stahlbetonquerschnitts, berechnet am ideellen Querschnitt mit der Wertigkeit $n_s = n(1 + \varphi_\infty/2)$. Die fik- tive Kraft $-P_s$ wirkt im Schwerpunkt der Gesamtstahlfläche.

Für elastisches Verhalten von Stahl und Beton gilt:

$$\phi_s(t_\infty) = \frac{(P_{so} + P_{su}) e_s \, n_s}{E_e \, I_{is}} \tag{4.74}$$

n_s wird nach (4.70) berechnet.

e_s ist die Differenz zwischen der ideellen Querschnitts- axe und der Schweraxe der gesamten Armierungsstahlfläche. Für die in Bild 4.10 dargestellten Grössen gelten folgen- de Beziehungen:

$$a_i = h \, \frac{\frac{\xi^2}{2} + n_s(\mu + \delta\mu')}{\xi + n_s(\mu + \mu')} \tag{4.75}$$

$$a_s = h \, \frac{\mu + \delta\mu'}{\mu + \mu'} \tag{4.76}$$

$$e_s = a_s - a_i = \xi h \left[\frac{\frac{\mu + \delta\mu'}{\mu + \mu'} - \frac{\xi}{2}}{\xi + n_s(\mu + \mu')} \right] \tag{4.77}$$

Für das ideelle Trägheitsmoment gilt:

$$I_{is} = bh^3 \cdot \left[\frac{\xi^3}{12} + \xi(\frac{a_i}{h} - \frac{\xi}{2})^2 + \right.$$

$$\left. + n_s\mu'(\frac{a_i}{h} - \delta)^2 + n_s\mu(\frac{a_i}{h} - 1)^2 \right] \qquad (4.78)$$

Die Formel (4.74) kann durch Einführen eines dimensionslosen Schwindkrümmungskoeffizienten $n_{\phi s}(t)$ auf folgende einfache Form gebracht werden:

$$\phi_s(t_\infty) = \frac{\varepsilon_{s\infty}}{h} \cdot n_{\phi s}(t_\infty) \qquad (4.79)$$

$n_{\phi s}(t_\infty)$ ist von den bezogenen geometrischen Querschnittswerten sowie von n_s und ξ abhängig.

Bild 4.11 zeigt die Abhängigkeit des Schwindkrümmungskoeffizienten $n_{\phi s}(t_\infty)$ von $n_s\mu$, ξ und vom Verhältnis μ'/μ. Der günstig wirkende Einfluss einer Druckarmierung macht sich bereits bei $\mu'/\mu = 0,2$ deutlich bemerkbar. Auffallend ist auch die starke Abhängigkeit der Schwindkrümmung von der Lage der neutralen Axe.

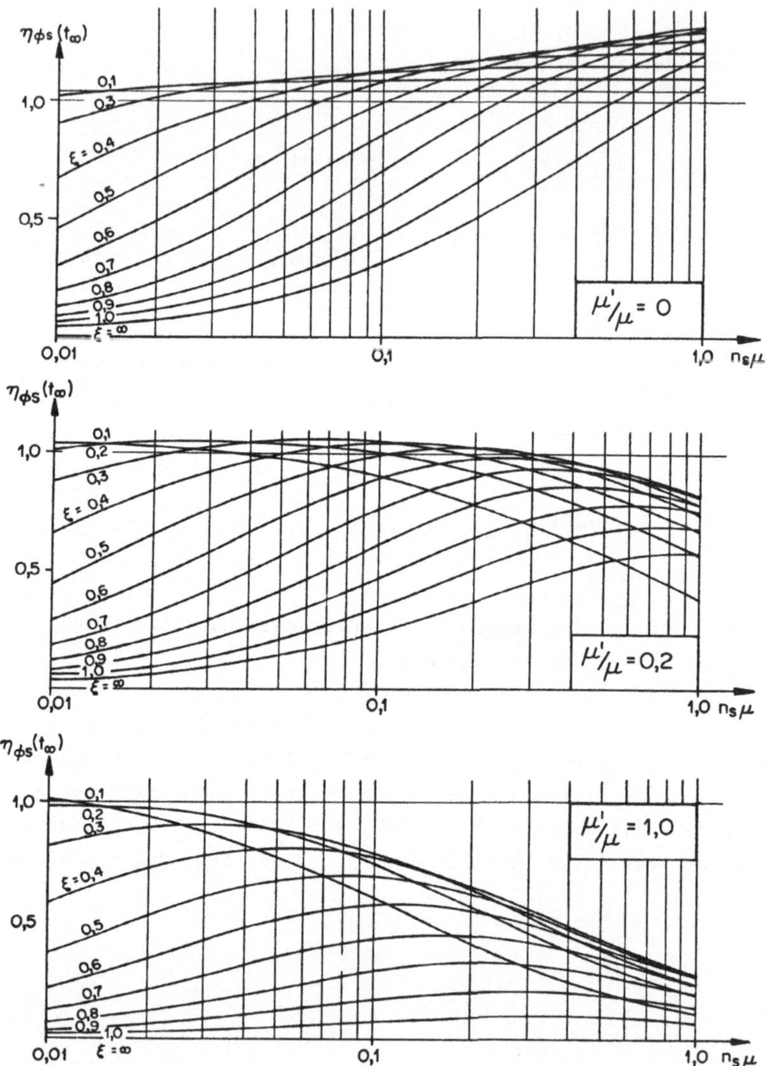

Bild 4.11: Schwindkrümmungskoeffizient $\eta_{\phi s}(t_\infty)$ in Funktion von $n_s \mu$, ξ und μ'/μ. Für kleine Werte von $n_s \mu$ hängt die Schwindkrümmung hauptsächlich von der Lage der neutralen Axe und für grosse Werte von $n_s \mu$ hauptsächlich vom Druckarmierungsgehalt ab ($h'/h = 0,1$).

Die Dehnungen am Druckrand ε_{bos} und auf der Höhe der Zugarmierung ε_{es} infolge Schwinden ergeben sich aus (4.73)
und (4.79):

$$\varepsilon_{bos}(t_\infty) = \varepsilon_{s\infty} \left(\frac{1}{1 + n_s\mu} + \frac{a_i}{h} \eta_{\phi s}(t_\infty)\right) \qquad (4.80)$$

$$\varepsilon_{es}(t_\infty) = \varepsilon_{s\infty} \left(\frac{1}{1 + n_s\mu} + \frac{a_i - h}{h} \eta_{\phi s}(t_\infty)\right) \qquad (4.81)$$

Die Krümmung infolge äusserer Belastung (inkl. Kriechen)
überwiegen die Schwindkrümmungen in den meisten Fällen sehr
stark. Zudem treten bei kleineren Krümmungen aus äusserer
Belastung (grosse Axialkraft, grosses ξ) im allgemeinen
auch kleinere Schwindkrümmungen auf (vgl. Bild 4.11). Aus diesen Gründen sind die Idealisierungen dieses Abschnitts gerechtfertigt.

4.6 Elemente der Gleichgewichtsbedingungen für Dauerbelastungen

4.6.1 Neutralaxe im Querschnitt

Da eine explizite Formulierung der Betondruckkraft zu um-
ständlich ist, muss ein anderes Vorgehen gewählt werden.
Die Betondruckkraft $P_b(t)$ kann als Funktion der wirksamen
Betondruckfläche, der Betonfestigkeit und des Völligkeits-
koeffizienten $k_v(t)$ dargestellt werden:

$$P_b(t) = k_v(t) \, \beta \, b_w(0,t) \cdot x_1(t) \qquad (4.82)$$

-78-

und die bezogene Druckkraft:

$$p_b(t) = k_v(t) \cdot \frac{\xi(t)}{\gamma} \cdot \kappa(0,t) \qquad (4.83)$$

Der Koeffizient $k_v(t)$ kann aus der $\sigma_b - \varepsilon_b$ - Beziehung berechnet werden:

$$k_v(t,\varepsilon_{bo}) = \frac{1}{\beta} \int\limits_{\varepsilon_b=0}^{\varepsilon_b=\varepsilon_{bo}} \sigma_b(t,\varepsilon_b) \cdot d\varepsilon_b \qquad (4.84)$$

Eine numerische Auswertung des Integrals (4.84) für die
$\sigma_b - \varepsilon_b$ - Kurven in Bild 3.7 ergibt die in Bild 4.12 dargestellte Funktionen $k_v(t,\varepsilon_{bo})$.

Das von der Betondruckkraft erzeugte Moment $m_b(t)$ um die
Betonschweraxe beträgt:

$$m_b(t) = k_v(t,\varepsilon_{bo}) \cdot \xi(t) \cdot \left[\frac{1}{2}\gamma - k_s(t,\varepsilon_{bo}) \cdot \xi(t)\right] \cdot \kappa(0,t)$$
$$(4.85)$$

Der Koeffizient $k_s(t,\varepsilon_{bo})$ kann ebenfalls aus der $\sigma_b - \varepsilon_b$ -
Beziehung berechnet werden:

$$k_s(t,\varepsilon_{bo}) = \frac{1}{\varepsilon_{bo}} \; \frac{\displaystyle\int\limits_{\varepsilon_b=0}^{\varepsilon_b=\varepsilon_{bo}} \sigma_b(t,\varepsilon_b) \cdot (\varepsilon_{bo} - \varepsilon_b) \cdot d\varepsilon_b}{\displaystyle\int\limits_{\varepsilon_b=0}^{\varepsilon_b=\varepsilon_{bo}} \sigma_b(t,\varepsilon_b) \cdot d\varepsilon_b}$$
$$(4.86)$$

Die, den σ_b - ε_b - Kurven in Bild 3.7 zugehörenden, ebenfalls numerisch berechneten Funktionen $k_s(t,\varepsilon_{bo})$ sind in Bild 4.13 dargestellt. Für den Einfluss des Stahles gelten, unverändert, die in Abschnitt 4.3.1 hergeleiteten Beziehungen.

4.6.2 Neutralaxe ausserhalb des Querschnitts

Wie in Abschnitt 4.3.2 können auch hier die Grössen p_b und m_b aus der Ueberlagerung einer Druckkraft p_{bo} und einer Zugkraft p_{bu} berechnet werden (vgl. Bild 4.2).

Für $p_b(t)$ und $m_b(t)$ ergeben sich somit die Beziehungen:

$$p_b(t) = \left[k_v(t,\varepsilon_{bo}) \, \frac{\xi(t)}{\gamma} - k_v(t,\varepsilon_{bu}) \cdot (\frac{\xi(t)}{\gamma} - 1) \right] \kappa(0,t)$$

$$(4.87)$$

$k_v(t,\varepsilon_{bo})$ und $k_v(t,\varepsilon_{bu})$ können demselben Diagramm entnommen werden.

$$m_b(t) = k_v(t,\varepsilon_{bo}) \cdot \xi(t) \left[\tfrac{1}{2}\gamma - k_s(t,\varepsilon_{bo}) \cdot \xi(t) \right] \kappa(0,t) +$$

$$k_v(t,\varepsilon_{bu}) \cdot (\xi(t) - \gamma) \left[\tfrac{1}{2}\gamma + k_s(t,\varepsilon_{bu}) \cdot (\xi(t) - \gamma) \right] \kappa(0,t)$$

$$(4.88)$$

$k_s(t,\varepsilon_{bo})$ und $k_s(t,\varepsilon_{bu})$ können demselben Diagramm entnommen werden.

Für den Einfluss des Stahls gelten die Beziehungen des Abschnitts 4.3.2.

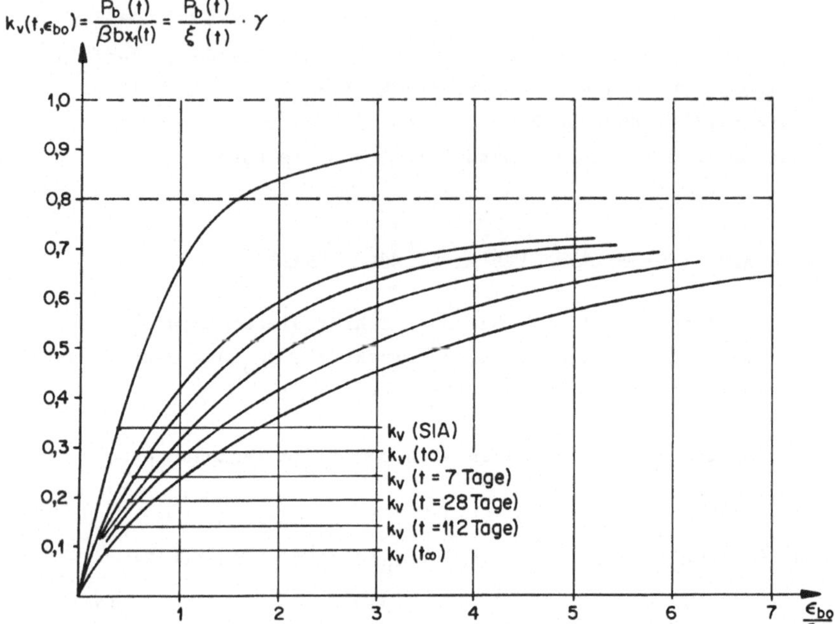

Bild 4.12 : Völligkeitskoeffizient $k_v(t,\epsilon_{bo})$ der Betondruckzone in Funktion der Randstauchung ϵ_{bo}. Berechnungsgrundlage: σ_b-ϵ_b-Kurven in Bild 3.7.

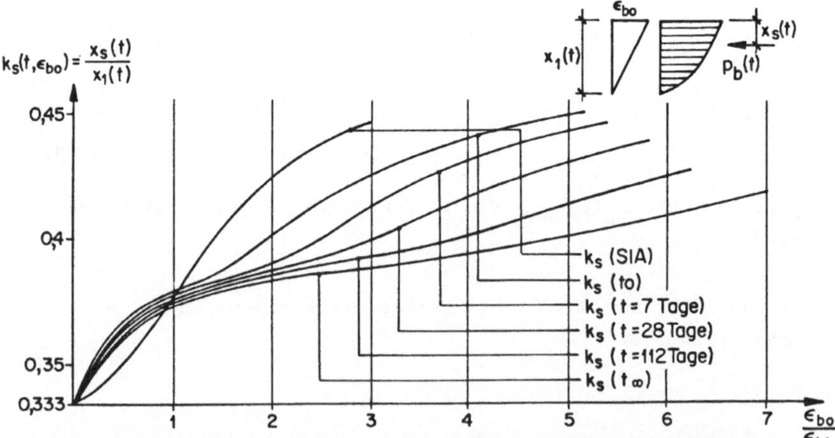

Bild 4.13 : Schwerpunktskoeffizient $k_s(t,\epsilon_{bo})$ der Betondruckkraft in Funktion der Randstauchung ϵ_{bo}. Berechnungsgrundlage: σ_b-ϵ_b-Kurven in Bild 3.7.

4.7 Berechnung der Grundbeziehungen zwischen Moment und Krümmung

Im Abschnitt 4.2 wurden die Schnittkräfte p und m als Funktionen der Verformungen ε_{bo} und ε_e formuliert (Gleichungen (4.13) und (4.14)). Eine Auflösung nach ε_{bo} und ε_e ist nur iterativ möglich.

Die elektronische Berechnung der M - ϕ - Grundbeziehungen erfolgte daher nach dem in Bild 4.14 und Bild 4.15 dargestellten, stark vereinfachten Blockschema.

Einige Beispiele von m - ϕh - Funktionen und ε_{bo} - ϕh - Funktionen, die nach diesem Programm berechnet wurden, sind im Anhang dargestellt. Der Einfluss des Schwindens wurde in diesen Beispielen nicht berücksichtigt; er kann jedoch nach Abschnitt 4.5 leicht abgeschätzt werden.

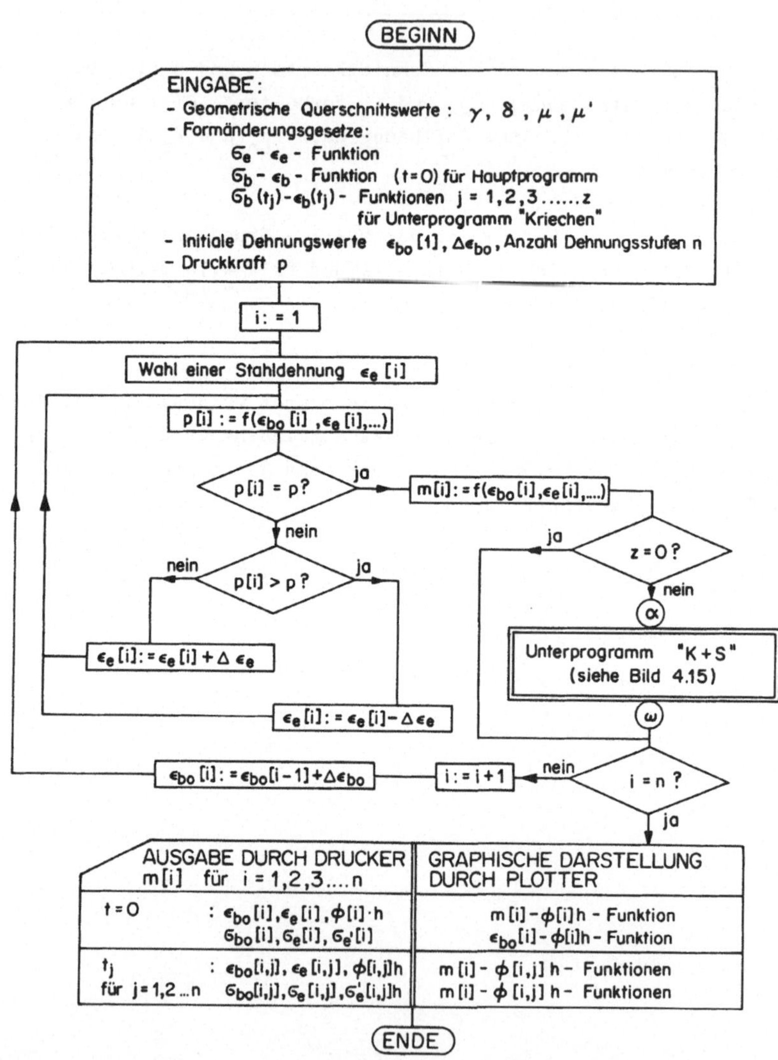

AUSGABE DURCH DRUCKER m[i] für i = 1,2,3....n		GRAPHISCHE DARSTELLUNG DURCH PLOTTER
$t = 0$	: $\epsilon_{bo}[i], \epsilon_e[i], \phi[i]\cdot h$ $\sigma_{bo}[i], \sigma_e[i], \sigma_e'[i]$	$m[i] - \phi[i]h$ - Funktion $\epsilon_{bo}[i] - \phi[i]h$ - Funktion
t_j für j = 1,2 ...n	: $\epsilon_{bo}[i,j], \epsilon_e[i,j], \phi[i,j]h$ $\sigma_{bo}[i,j], \sigma_e[i,j], \sigma_e'[i,j]h$	$m[i] - \phi[i,j]h$ - Funktionen $m[i] - \phi[i,j]h$ - Funktionen

Bild 4.14: Blockschema des Hauptprogramms zur Berechnung des $m - \phi h - \epsilon_{bo}$-Zusammenhangs bei gegebenem Querschnitt, gegebenen Formänderungsgesetzen und gegebener Druckkraft.

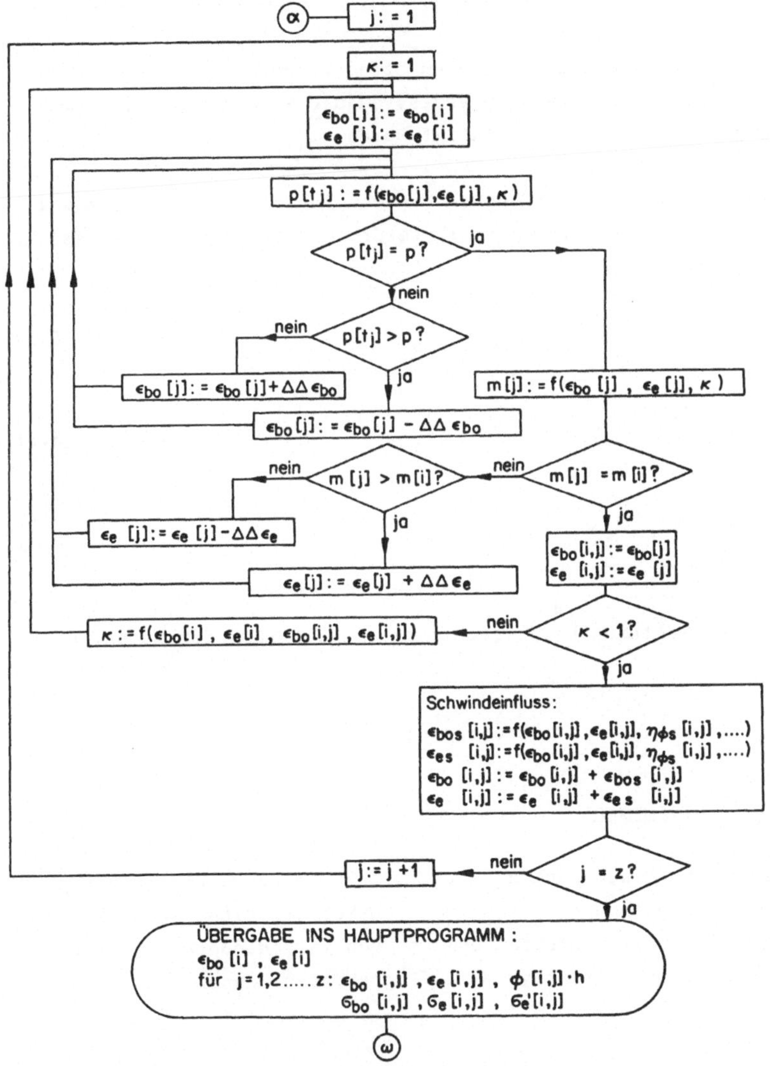

Bild 4.15: Blockschema des Unterprogramms "K+S" zur Berechnung der Kriechverformungen infolge der aus dem Hauptprogramm gegebenen Schnittkräfte p und m[i] sowie zur Berechnung der Schwindverformungen.

5. NOMINELLE BEZIEHUNGEN ZWISCHEN MOMENT UND KRUEMMUNG

Die aus den Grundbeziehungen berechneten Krümmungen werden im allgemeinen etwas zu gross, da die Mitwirkung der Betonzugzone nicht berücksichtigt wurde.

Die nominellen Beziehungen, welche in Abschnitt 2 definiert wurden, können als korrigierte Grundbeziehungen aufgefasst werden:

$$\varepsilon_{bon} = \varepsilon_{bo} - \Delta\varepsilon_{bo} \qquad (5.1)$$

$$\varepsilon_{en} = \varepsilon_{e} - \Delta\varepsilon_{e} \qquad (5.2)$$

$$\phi_{n} = \phi - \Delta\phi \qquad (5.3)$$

Die Korrekturen berücksichtigen den Einfluss der Betonzugzone.

5.1 Mitwirkung der Betonzugzone

5.1.1 Rissmoment

Unter dem Rissmoment M_R wird am Zugrand des Querschnitts gerade die Betonzugfestigkeit σ_{bz} erreicht. Diese schwankt in ziemlich weiten Grenzen und ist von verschiedenen Parametern abhängig. Als wichtigste Einflussgrössen können genannt werden:

- Einfluss des Betonalters
  (Zunahme der Betonzugfestigkeit)

- Einfluss der Querschnittshöhe
  (Zunahme der Querschnittshöhe → Abnahme der Betonzugfestigkeit)

- Einfluss der Austrocknung des Querschnitts
  (Abnahme der Betonzugfestigkeit durch Entstehen von
  Eigenspannungen aus Schwinden)

- Einfluss der Belastungsgeschwindigkeit
  (grössere Belastungsgeschwindigkeit → grössere Betonzugfestigkeit)

Qualitative und quantitative Untersuchungen dieser Einflussparameter sind in der Arbeit [10] enthalten.

Der Mittelwert der Betonzugfestigkeit liegt im allgemeinen
im Bereich

$$|1.3 \cdot \sqrt{\beta}| < |\sigma_{bz}| < |1.7 \cdot \sqrt{\beta}|$$

Für die weiteren numerischen Berechnungen wird
$\sigma_{bz} = -1.5 \cdot \sqrt{\beta}$ angenommen.

Die Berechnung der Rissmomente und Risskrümmungen kann mit
den Beziehungen von Abschnitt 4.3.1 und 4.6.1 erfolgen. Zusätzlich ist die Betonzugkraft P_{bz} zu berücksichtigen.

Bei linearer Zugspannungsverteilung ergibt sich:

$$P_{bz} = \frac{1}{2} \sigma_{bz} \, bd \, (1 - \frac{\varepsilon_{bo}}{\varepsilon_{bo} - \varepsilon_{bu}}) \qquad (5.4)$$

darin ist

$$\varepsilon_{bu} = \frac{\sigma_{bz}}{E_b(t)} \qquad (5.5)$$

und die bezogene Betonzugkraft:

$$p_{bz} = \frac{1}{2} \frac{\sigma_{bz}}{\beta} \left(1 - \frac{\varepsilon_{bo}}{\varepsilon_{bo} - \varepsilon_{bu}}\right) \qquad (5.6)$$

Anteil der Betonzugkraft am Rissmoment

$$m_{bz} = -\frac{1}{12} \frac{\sigma_{bz}}{\beta} \left(1 - \frac{\varepsilon_{bo}}{\varepsilon_{bo} - \varepsilon_{bu}}\right) \cdot \left(1 + 2 \cdot \frac{\varepsilon_{bo}}{\varepsilon_{bo} - \varepsilon_{bu}}\right) \cdot \gamma^2$$

$$(5.7)$$

Die Berechnung des Rissmoments m_R erfolgte nach dem in Bild (5.1) dargestellten, vereinfachten Blockschema. Wegen den oben erwähnten starken Schwankungen des Rissmoments wurde hier auf eine verfeinerte Berechnung, z.B. mit der Methode der reduzierten Querschnittsbreite verzichtet.

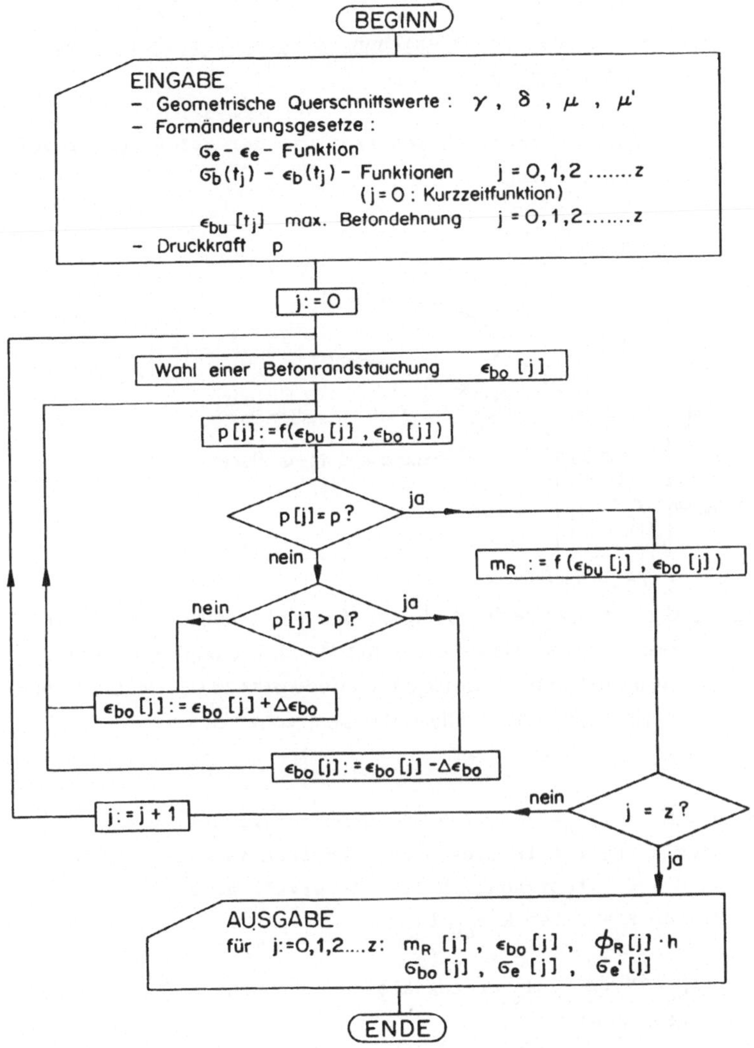

Bild 5.1 : Blockschema des Programms zur Berechnung des Rissmoments m_R und der Risskrümmung ϕ_R bei gegebenem Querschnitt, gegebenen Formänderungsgesetzen und gegebener Druckkraft.

5.1.2 Korrektur der Grundbeziehungen durch Berücksichtigung der Betonzugzone

Bild 5.2 zeigt schematisch den Einfluss der Betonzugzone auf die M - ϕ - Beziehung.

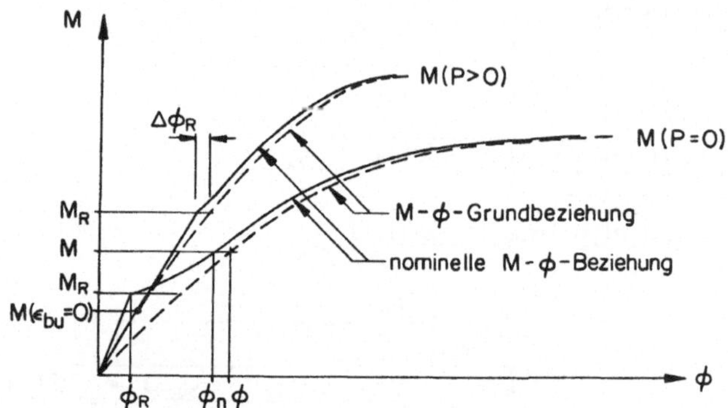

Bild 5.2: Charakteristische M-ϕ-Kurven für reine Biegung P=O und für Biegung mit konstanter Druckkraft P > O. Die nominellen M-ϕ-Beziehungen berücksichtigen – im Gegensatz zu den M-ϕ-Grundbeziehungen – den Einfluss der Betonzugzone.

Für $0 < M < M(\epsilon_{bu}=0)$ treten nur Stauchungen auf. Die M - ϕ - Grundbeziehung ist in diesem Bereich identisch mit der nominellen M - ϕ - Beziehung. Dieses Intervall existiert nur für P > 0. Für P = 0 ist $M(\epsilon_{bu}=0) = 0$.

Für $M(\epsilon_{bu}=0) < M < M_R$ treten kleine Dehnungen auf (Querschnitt noch ungerissen).

Die nominelle M - ϕ - Beziehung lässt sich in einfacher Weise aus der Grundbeziehung berechnen:

$$\epsilon_{bon} = \epsilon_{bo} - \Delta\epsilon_{boR} \cdot \frac{m - m(\epsilon_{bu}=0)}{m_R - m(\epsilon_{bu}=0)} \left. \right\} \quad \begin{array}{l} \text{für} \\ m(\epsilon_{bu}=0) < m < m_R \end{array} \quad (5.8)$$

$$\left. \begin{aligned} \varepsilon_{en} &= \varepsilon_e - \Delta\varepsilon_{eR} \cdot \frac{m - m(\varepsilon_{bu}=0)}{m_R - m(\varepsilon_{bu}=0)} \\[2em] \phi_n &= \phi - \Delta\phi_R \cdot \frac{m - m(\varepsilon_{bu}=0)}{m_R - m(\varepsilon_{bu}=0)} \end{aligned} \right\} \quad \text{für} \quad m(\varepsilon_{bu}=0) < m < m_R$$

(5.9)

(5.10)

In diesen Gleichungen bedeuten:

$$\Delta\varepsilon_{boR} = \varepsilon_{bo}(m=m_R) - \varepsilon_{boR} \tag{5.11}$$

$$\Delta\varepsilon_{eR} = \varepsilon_e(m=m_R) - \varepsilon_{eR} \tag{5.12}$$

$$\Delta\phi_R = \phi(m=m_R) - \phi_R \tag{5.13}$$

Diese Näherungsansätze (Gleichungen (5.8) (5.9) (5.10)) dürfen
nur dann angewendet werden, wenn in den Grundbeziehungen keine
plastischen Stahldehnungen im Intervall $M(\varepsilon_{bu}=0) < M < M_R$ auftreten. Diese Bedingung ist jedoch praktisch immer erfüllt.

Für $M > M_R$ ist der Einfluss der Betonzugzone vom Zusammenwir-
ken zwischen Beton und Zugarmierung und von der Rissbildung
abhängig. Diese Probleme sind in [3] eingehend untersucht wor-
den. In dieser Arbeit wird der Einfluss der Betonzugzone ebenfalls durch eine Korrektur der im gerissenen Stadium berechneten Stahldehnung berücksichtigt. Aufgrund einer grossen Zahl
von Versuchsauswertungen wird in [3] eine einfache empirische
Formel angegeben, die - sinngemäss - mit (5.14) übereinstimmt:

$$\varepsilon_{en} = \varepsilon_e - k \cdot \frac{\sigma_e(m_R)}{\sigma_e(m)} \tag{5.14}$$

$\sigma_e(m_R)$: Stahlspannung beim Rissmoment, berechnet aus den
Grundbeziehungen (d.h. am gerissenen Querschnitt).

$\sigma_e(m)$: Stahlspannung beim betrachteten Moment, ebenfalls
aus den Grundbeziehungen berechnet.

Der Faktor k ist eine Funktion verschiedener Einflüsse.
Die wichtigsten sind:

- Grösse der Betonzugfestigkeit und des Armierungsgehalts.
- Grösse und Verteilung der Verbundspannungen zwischen Beton
  und Stahl im Bereich zwischen zwei Rissen.
- Mitwirkende Betonzugfläche in der Mitte zwischen zwei Ris-
  sen.
- Grösse und Verteilung der Betonzugspannungen in dieser Fläche.

Die Versuchsstreuung von k ist ziemlich gross. Nach [3] besteht kein wesentlicher Unterschied zwischen Rippenstählen und
glatten Stahleinlagen. Die besseren Verbundeigenschaften der
Rippenstähle verursachen kleinere Rissabstände; dadurch verkleinert sich aber die mitwirkende Betonzugfläche.

Um die nominellen Beziehungen direkt aus den Grundbeziehungen und dem Rissmoment berechnen zu können, wird der folgende
Ansatz untersucht:

$$\varepsilon_{en} = \varepsilon_e - \Delta\varepsilon_{eR} \cdot \frac{m_R - m(\varepsilon_e=0)}{m - m(\varepsilon_e=0)} \qquad \text{für } m > m_R \qquad (5.15)$$

Die Formeln (5.14) und (5.15) ergeben für $m = m_R$ (bei
$\beta_{bz}/\sigma_{bz} = 1.5$) ziemlich gut übereinstimmende Werte. Damit
die Formel (5.14) durch die Formel (5.15) ersetzt werden kann,
muss das Moment eine lineare Funktion der Stahlspannungen sein.
In Bild 5.3 wurde für verschiedene Werte von p das Moment m in
Funktion der Stahlspannung σ_e aufgetragen.

Für kleinere Werte von p ist die Annahme eines linearen Zusammenhangs zwischen M und σ_e - selbst bei plastischen Stahlver-
formungen - sehr zutreffend. Für grössere Werte der Druckkraft
sind Abweichungen von der Linearität feststellbar. Der Einfluss der mitwirkenden Betonzugzone verliert aber mit zunehmender Druckkraft an Bedeutung, so dass sich diese Abweichungen kaum auswirken können.

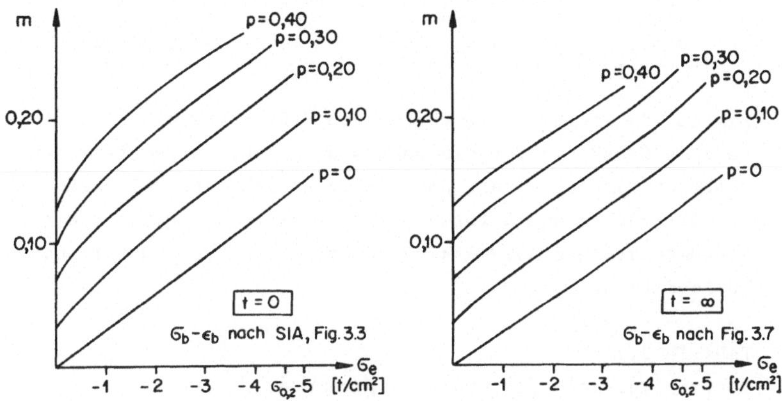

Bild 5.3: Zusammenhang zwischen dem Moment m und der Stahlzugspannung σ_e.
Die Funktionen verlaufen sowohl für t=0 wie für t=∞ annähernd linear.
Die Berechnung erfolgte nach Abschnitt 4, mit den Grössen $\beta = 0,3\,t/cm^2$,
$\sigma_{0,2} = 4,6\,t/cm^2$, $\beta_z = 5,5\,t/cm^2$, $\mu = \mu' = 1\%$ und $h'/h = 0,2$.

Der aus Balkenversuchen (reine Biegung, p = 0) gewonnene Ausdruck für ϵ_{en} (Formel (5.14)) ergibt auch im Fall von Biegung mit Axialkraft gute Resultate [3].

Analog zu Gleichung (5.15) kann für ϵ_{bon} und ϕ_n geschrieben werden:

$$\epsilon_{bon} = \epsilon_{bo} - \Delta\epsilon_{boR} \cdot \frac{m_R - m(\epsilon_e=0)}{m - m(\epsilon_e=0)} \tag{5.16}$$

$$\text{für } m > m_R$$

$$\phi_n = \phi - \Delta\phi_R \cdot \frac{m_R - m(\epsilon_e=0)}{m - m(\epsilon_e=0)} \tag{5.17}$$

Die Resultate der Ansätze (5.15) (5.16) und (5.17) stimmen gut mit den in [3] dargestellten, theoretischen und experimentellen Ergebnissen überein.

5.2 Ueberprüfung der vorgeschlagenen Berechnungsmethoden
für ε_{bon}, ε_{en} und ϕ_n anhand von Versuchsergebnissen

Die in Abschnitt 2.2 beschriebenen Stützenversuche [7] dienten als Grundlage für die Ueberprüfung der vorgeschlagenen Methoden zur Berechnung nomineller Beziehungen zwischen Schnittkräften und Deformationen. Tabelle 5.1 enthält eine Zusammenstellung der Versuchsparameter der vier untersuchten Kurzzeitversuche.

Tabelle 5.1
Kurzzeitversuche [7]. Versuchsparameter

Abmessungen und Armierung gemäss Bild 2.2 Belastungsanordnung gemäss Bild 2.3				
Versuch Nr. (nach [7])	41	53	24	31
Endexzentrizität e/d	0.0333	0.10	0.25	1.00
Beton Festigkeiten zur Zeit der Versuchsdurchführung: Würfeldruckfestigkeit β_w [kg/cm^2]	307	474	321	273
Biegezugfestigkeit β_{bz} [kg/cm^2]	-59		-45	-48
Querzugfestigkeit β_{qz} [kg/cm^2]		-38		
Stahl Eigenschaften gemäss Tabelle 3.1				

Die nominellen Stauchungen, Dehnungen und Krümmungen wurden
mit den Werten der Tabelle 5.2 berechnet.

Tabelle 5.2
Rechnungswerte

Versuch Nr. (nach [7])	41	53	24	31
Beton				
$\beta\ = 0.75\ \beta_w$ $[kg/cm^2]$	230	356	241	205
$\sigma_{bz} = -1.5\ \sqrt{\beta}$ $[kg/cm^2]$	-23	-28	-23	-21
$E_b\ = 21'000\ \sqrt{\beta}$ $[kg/cm^2]$	318'000	396'000	326'000	300'000
Stahl				
$\|\beta_z\| = 5'500\ kg/cm^2$ $\qquad\qquad\ \|\sigma_{0.2}\| = 4'600\ kg/cm^2$				
$E_e\ = 2.1 \cdot 10^6\ kg/cm^2$				

Die Abhängigkeit der Betonrandstauchungen ε_{bon} von der Druckkraft P geht aus den Bildern 5.4a, b, c, d hervor. Entsprechend
ist in den Bildern 5.5a, b, c, d der Zusammenhang zwischen P
und den Stahldehnungen ε_{en} dargestellt. Die Bilder 5.6a, b, c,
d zeigen den Zusammenhang zwischen P und $\phi_n \cdot h$. Die gestrichelten
Linien stellen die Versuchsmessungen dar. Der in Abschnitt 2.2
beschriebene Relaxationseinfluss (Abnahme von P bei konstanter
Durchbiegung) ist deutlich zu erkennen. Die gemessenen Dehnungen stellen Mittelwerte über eine Messlänge von 40 cm, in Stützenmitte, dar.

Eine Nachrechnung der Versuche - ohne Berücksichtigung eines
Kriecheinflusses - mit den Beziehungen der Abschnitte 4.3, 4.7
und 5.1 ergibt durchwegs zu kleine Deformationen (ausgezogene
Linien). Die Abweichungen nehmen mit zunehmender Belastungshöhe
und Belastungsdauer zu.

Bei einer Berücksichtigung des Anfangskriechens (σ_b - $\varepsilon_b(t_0)$
- Kurve nach Bild 3.7) mit den Methoden der Abschnitte 4.4,
4.6, 4.7 und 5.1 ergeben sich im allgemeinen etwas bessere
Resultate, obwohl die berechneten Deformationen in der Regel etwas zu gross sind (strich-punktierte Linien). Man
kann daraus schliessen, dass das verstärkte Anfangskriechen
noch nicht ganz zum Abschluss gekommen ist. Die zeitliche
Dauer des Anfangskriechens kann aus der Grössenordnung der
Kriechgeschwindigkeit abgeschätzt werden. In [12] wurden
Versuchsergebnisse verschiedener Forscher zusammengestellt.
In diesen Versuchen wurden für verschiedene Lasteinwirkungs-
zeiten (1 Minute, 30 Minuten, 1 Tag) die Kriechverformungen
gemessen. Aus diesen Kriechverformungen können die mittleren
Kriechgeschwindigkeiten $\dot{\varepsilon}_{km}$ in den verschiedenen Zeitintervallen (0 - 1 Min., 1 Min. - 30 Min., 30 Min. - 1 Tag) be-
rechnet werden (Tabelle 5.3).

Tabelle 5.3
Mittlere Kriechgeschwindigkeit in einzelnen Zeitintervallen
(nach verschiedenen Forschern, zusammengestellt in [12]).

σ_b/β	$\dot{\varepsilon}_{km}$ 0 - 1 Min.	$\dot{\varepsilon}_{km}$ 1 Min.-30 Min.	$\dot{\varepsilon}_{km}$ 30 Min.-1 Tag
0.2	0.4	0.4	0.4
0.3	0.6	0.7	0.6
0.4	0.8	1.0	0.9
0.5	1.3 $\Big\}\cdot 10^{-5}$/Min.	1.6 $\Big\}\cdot 10^{-6}$/Min.	1.2 $\Big\}\cdot 10^{-7}$/Min.
0.6	2.2	3.0	1.6
0.7	3.8	5.2	2.1

Die Abnahme der Kriechgeschwindigkeit von einem Zeitintervall
zum nächsten liegt in der Grössenordnung einer Zehnerpotenz.
Mit den in Abschnitt 3.1.3 beschriebenen Kriechversuchen [7]
wurde die Länge des nächstfolgenden Intervalls berechnet,

das wiederum eine zehnmal kleinere Kriechgeschwindigkeit auf-
weist (Tabelle 5.4).

Tabelle 5.4
Abschätzung des Zeitintervalls in dem die mittlere Kriechgeschwindigkeit um eine weitere Zehnerpotenz absinkt, d.h. auf
ca. 1/1000 der mittleren Kriechgeschwindigkeit der ersten
60 Sekunden nach dem Aufbringen der Belastung (Versuchsergebnisse [7]).

$\sigma_b/_\beta$	$\dot{\varepsilon}_{km}$	Zeitintervall
0.2	0.4	1. Tag - 25. Tag
0.3	0.6	1. Tag - 28. Tag
0.4	0.9	1. Tag - 38. Tag
0.5	1.2 $\Big\} \cdot 10^{-8}/\text{Min.}$	1. Tag - 46. Tag
0.6	1.6	1. Tag - 49. Tag
0.7	2.1	1. Tag - 50. Tag

Aus diesen Betrachtungen können folgende Schlüsse gezogen werden:

1. Die mittlere Kriechgeschwindigkeit in der ersten Minute
   nach der Lastaufbringung liegt um rund drei Zehnerpoten-
   zen über dem Wert, den sie nach einem Tag Dauerlast erreicht.

2. Nach dem ersten Tag bleibt die Grössenordnung der Kriechgeschwindigkeit während mehreren Tagen ersten . Nach spä-
   testens einem Tag Dauerlast ist also das verstärkte Anfangskriechen abgeschlossen.

3. Die Durchführung eines Stützenversuchs dauerte ungefähr 8
   Stunden. Während dieser Zeit wurde die Belastung stufen-
   weise, bis zum Bruch, gesteigert. Das Anfangskriechen
   konnte daher noch nicht völlig abgeschlossen sein.

4. Eine Berechnung der Stützenverformungen ohne Berücksichtigung eines Kriecheinflusses ist nur bei sehr kurzer
   Lasteinwirkung (wenige Minuten) zulässig. Für längere Be-
   lastungszeiten, bis zu 24 Stunden, ist das Anfangskriechen
   zu berücksichtigen.

5. Bei Kriechverformungen und Kriechgeschwindigkeiten können
   im allgemeinen grosse Streuungen der Messwerte festgestellt
   werden. Beim heutigen Stand der Kenntnisse auf dem Gebiet
   der Betontechnologie wäre daher die Formulierung "exakter",
   zeitabhängiger Berechnungsverfahren für die ersten Minuten und Stunden nach Belastungsbeginn höchst unrealistisch.

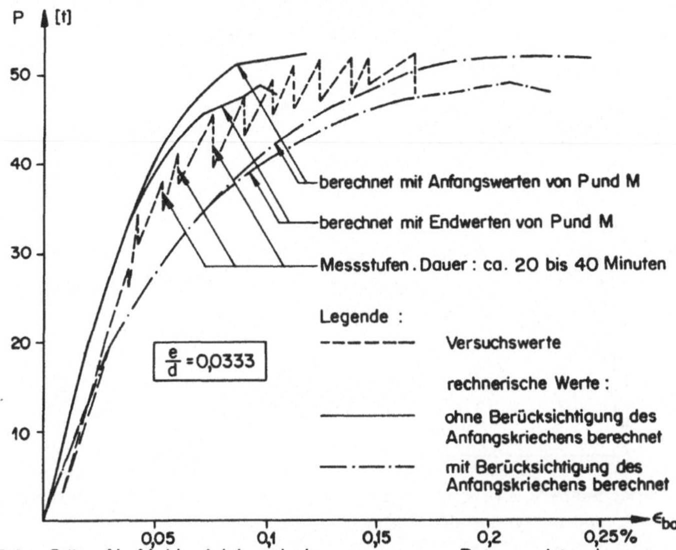

Bild 5.4a: Stütze Nr.41: Vergleich zwischen gemessenen Betonrandstauchungen [7] und entsprechenden Rechnungswerten.

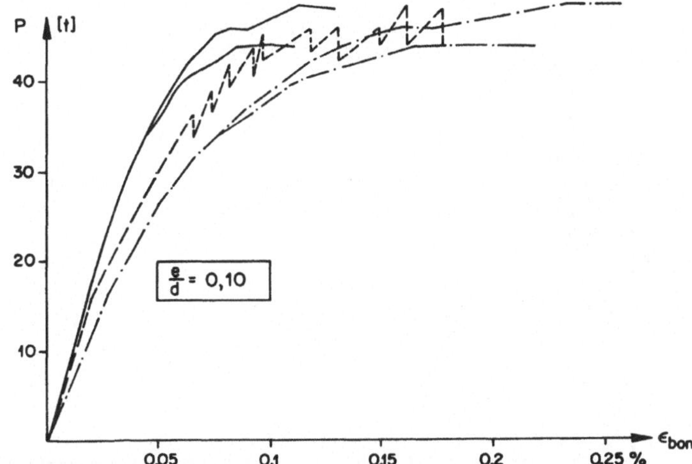

Bild 5.4b: Stütze Nr. 53: Vergleich zwischen gemessenen Betonrandstauchungen [7] und entsprechenden Rechnungswerten.

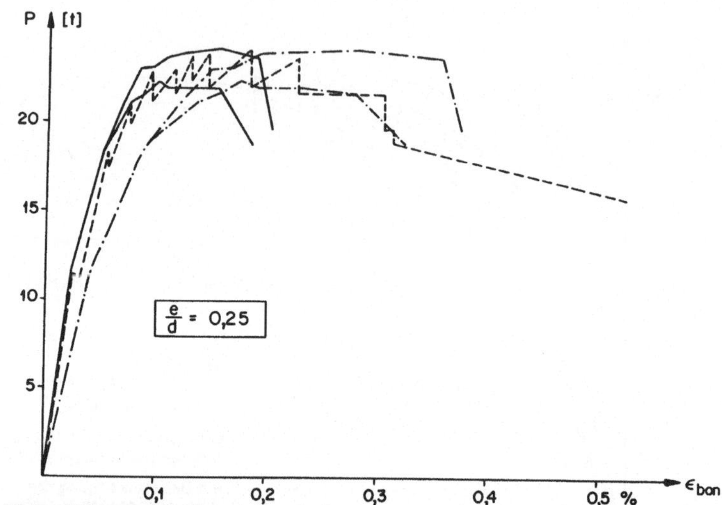

Bild 5.4c: Stütze Nr. 24: Vergleich zwischen gemessenen Betonrandstauchungen[7] und entsprechenden Rechnungswerten.

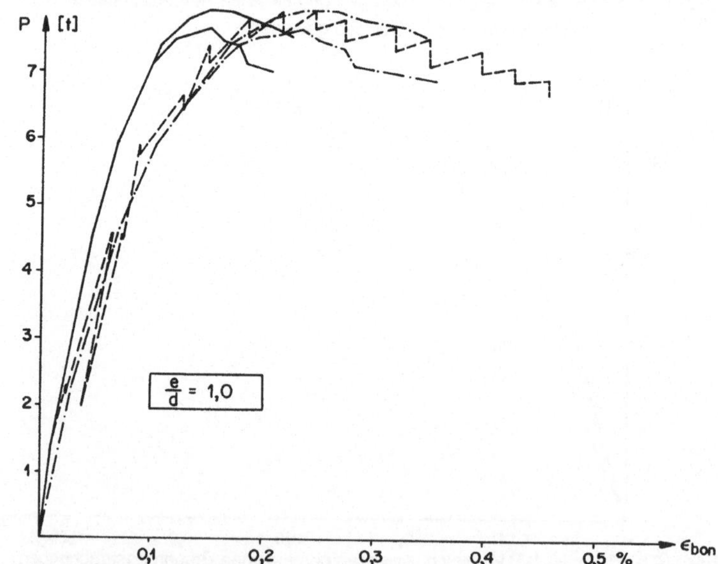

Bild 5.4d: Stütze Nr. 31: Vergleich zwischen gemessenen Betonrandstauchungen[7] und entsprechenden Rechnungswerten.

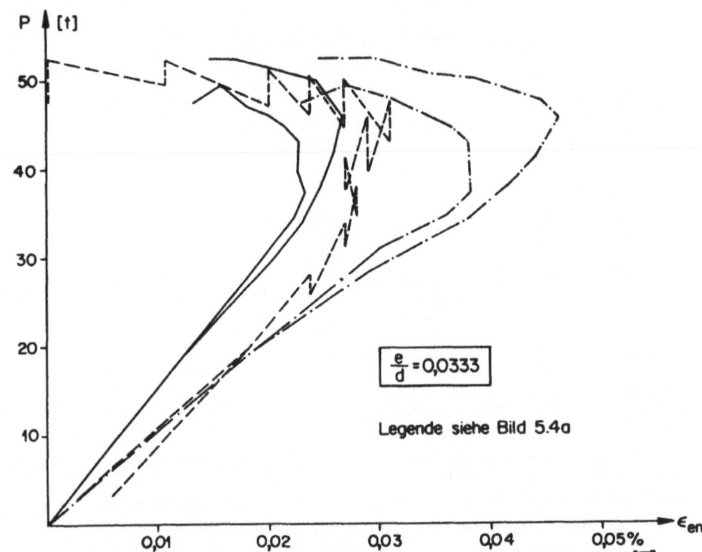

Bild 5.5a: Stütze Nr.41: Vergleich zwischen gemessenen Stahlstauchungen [7] und entsprechenden Rechnungswerten.

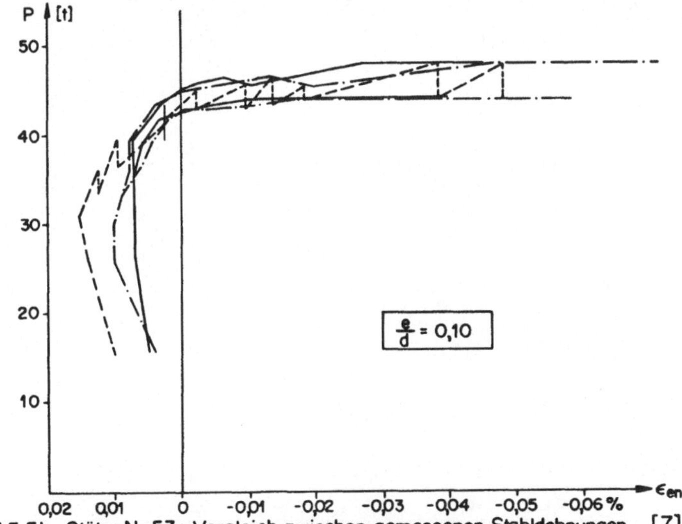

Bild 5.5b: Stütze Nr.53: Vergleich zwischen gemessenen Stahldehnungen [7] und entsprechenden Rechnungswerten.

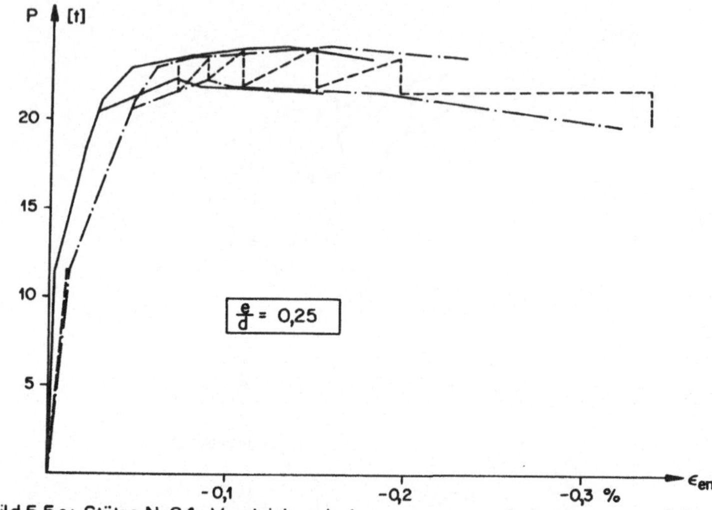

Bild 5.5c: Stütze Nr. 24: Vergleich zwischen gemessenen Stahldehnungen [7] und entsprechenden Rechnungswerten.

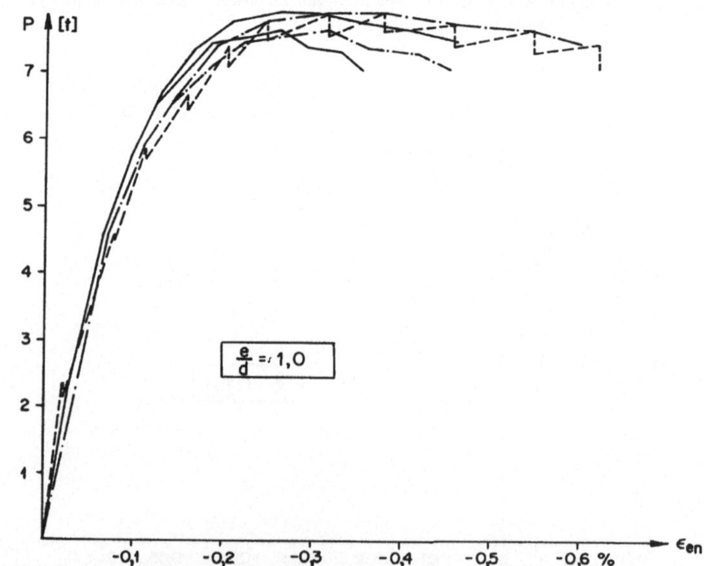

Bild 5.5d: Stütze Nr. 31: Vergleich zwischen gemessenen Stahldehnungen [7] und entsprechenden Rechnungswerten.

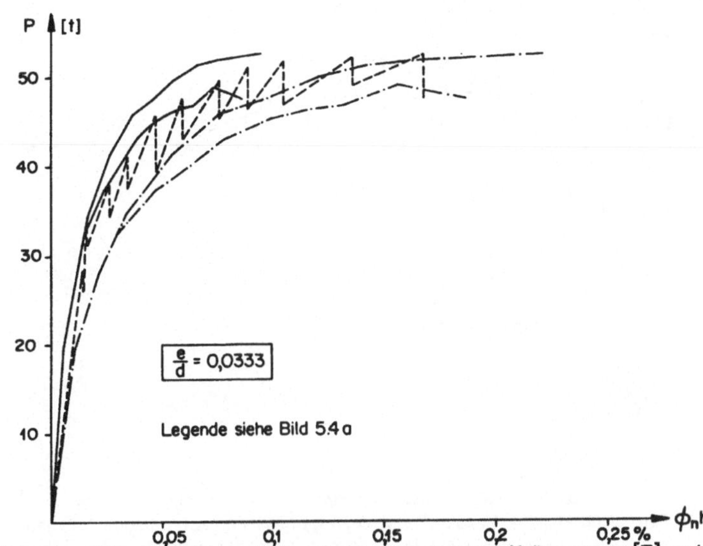

Bild 5.6a: Stütze Nr. 41: Vergleich zwischen gemessenen Krümmungen [7] und entsprechenden Rechnungswerten.

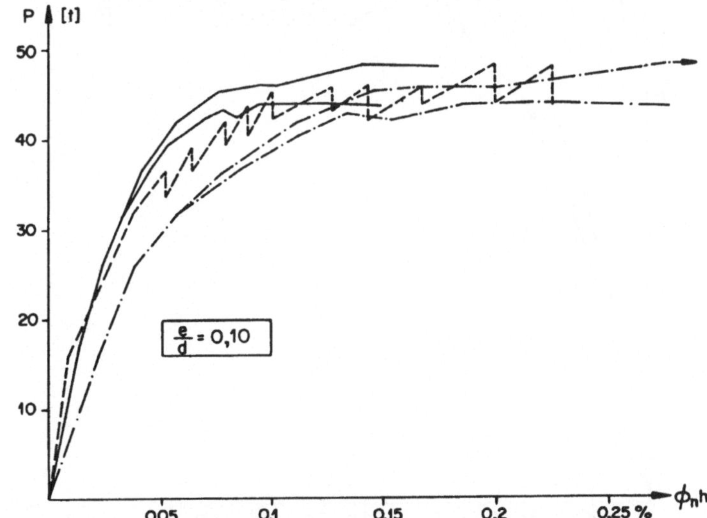

Bild 5.6b: Stütze Nr. 53: Vergleich zwischen gemessenen Krümmungen [7] und entsprechenden Rechnungswerten.

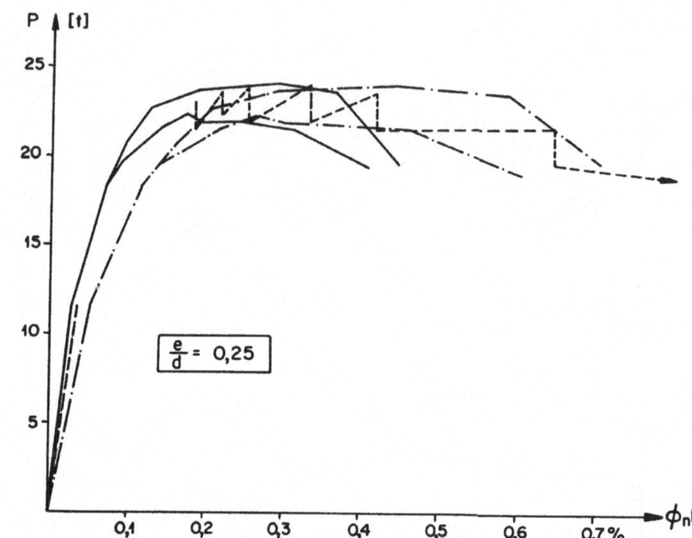

Bild 5.6c: Stütze Nr. 24: Vergleich zwischen gemessenen Krümmungen [7] und entsprechenden Rechnungswerten.

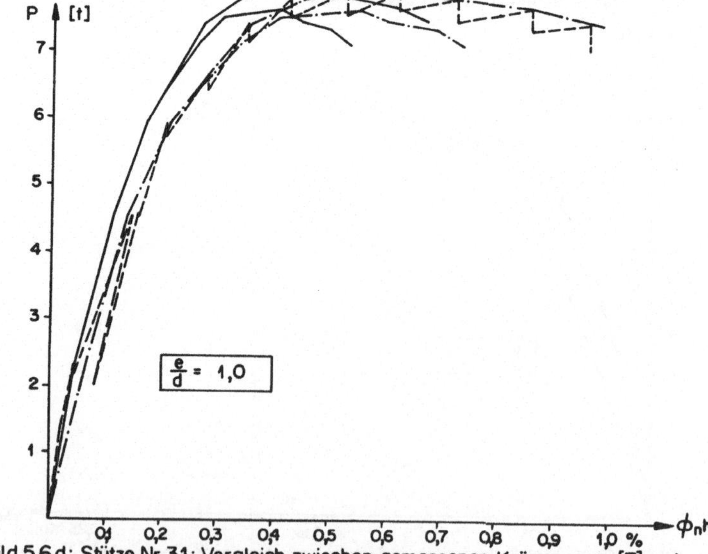

Bild 5.6d: Stütze Nr. 31: Vergleich zwischen gemessenen Krümmungen [7] und entsprechenden Rechnungswerten.

6. STREUUNGEN IN DEN BEZIEHUNGEN ZWISCHEN MOMENT UND KRUEMMUNG

6.1 Teilaufgabe des Sicherheitsproblems

Das Problem der Sicherheit von Tragwerken war in den letzten
Jahren oft Gegenstand sehr eingehender Untersuchungen [19]
[20] [21]. Nach [20] kann ein Bemessungsproblem in einzelne
Teilaufgaben zerlegt werden:

a) Ermittlung der Lasten
b) Ermittlung der Festigkeitswerte
c) Durchführung der statischen Untersuchung

Die statische Untersuchung dient zur Transformation von
gegebenen Lasten und Festigkeiten in geeignete vergleich-
bare Grössen.

Verschiedene Unsicherheitsquellen vermögen die Sicherheit
einer Bemessung zu beeinflussen. Im allgemeinen werden die
tatsächlich auftretenden Lasten sowie die tatsächlich vorhandenen Festigkeiten von den, der Berechnung zugrunde gelegten, nominellen Werten abweichen (Differenz = Fehler). Die
Gauss'sche Fehlertheorie unterscheidet zwischen groben, systematischen und zufälligen Fehlern. Grundsätzlich können
in allen drei Teilaufgaben alle Fehlerarten auftreten. Das
Ziel dieser Arbeit - die Ermittlung des Zusammenhangs zwischen Moment und Krümmung - gehört zur Teilaufgabe b). Im
folgenden werden daher nur die Fehlereinflüsse dieser Phase
behandelt.

Die groben Fehler sind praktisch ausschliesslich auf mensch-
liches Versagen zurückzuführen. Sie sind die Hauptursache
der meisten Bauunfälle. Statistisch können diese Fehler nicht
erfasst werden. Durch ein konsequentes Ueberwachungssystem
bei der Projektierung und Ausführung der Bauwerke können gro-

be Fehler jedoch weitgehend vermieden werden.

Die systematischen Fehler ergeben Abweichungen in einer bestimmten Richtung. Diese Fehler können durch verfeinerte
Baumethoden und durch wirklichkeitsnähere Berechnungsverfahren
zu einem grossen Teil eliminiert werden. Für die Bemessung
ist oft schon die Feststellung wertvoll, dass ein evtl. vor-
handener systematischer Fehler auf der "sicheren", bzw. auf
der "unsicheren" Seite liegt [20].

Bei den zufälligen Fehlern (stochastische Abweichungen) handelt es sich um willkürliche Streuungen. Die einzelnen Abweichungen sind durch verschiedene Ursachen bedingt, deren
Auswirkungen im einzelnen nicht vorausgesehen werden können.
Zufällige Fehler können mit den Methoden der Statistik und
der Wahrscheinlichkeitsrechnung untersucht werden. Schwankungen der Materialeigenschaften und Ungenauigkeiten der Abmessungen können in der Regel als willkürliche Streuungen
betrachtet werden. Der Einfluss dieser Streuungen auf die
Momenten-Krümmungsbeziehung soll in diesem Abschnitt untersucht werden. Ihr Einfluss auf die Biegelinien wird in
Abschnitt 7 untersucht. Die Biegelinien werden aus den nominellen Momenten-Krümmungsbeziehungen berechnet und stellen
Erwartungswerte des wahrscheinlichsten Biegelinienverlaufes
dar. Da die Biegelinien von den nominellen Krümmungen abhängig
sind, werden die Biegelinienvertrauensgrenzen aus den
Vertrauensgrenzen der nominellen Krümmungen berechnet. Diese
Vertrauensgrenzen stellen einen oberen, bzw. einen unteren
Grenzwert dar, der mit einer bestimmten (grossen) Wahrscheinlichkeit nicht über- bzw. unterschritten wird. Da die
nominellen Krümmungen mittlere Verformungswerte darstellen,
sind die zugehörenden Vertrauensgrenzen von den Streuungen
der Mittelwerte der einzelnen Parameter abhängig.

6.2 Schwankungen der Materialeigenschaften und der Querschnittsabmessungen

Von besonderer Wichtigkeit für das Tragvermögen sind die
Festigkeitseigenschaften der Baustoffe. Diese können erhebliche
Schwankungen aufweisen. Ein Bild von der Grösse und Verteilung
dieser Schwankungen vermittelt die statistische Qualitätskontrolle [19]. Aus der Gesamtheit der durchgeführten Beobachtungen werden geeignete Masszahlen errechnet. Die Grössenordnung
einer zufällig veränderlichen Grösse wird am besten durch den
Mittelwert $\bar{x}$ beschrieben. Als Streumass eignet sich vor allem
die Standardabweichung s. Unter dem Variationskoeffizienten v
versteht man das Verhältnis $\frac{s}{\bar{x}}$. Dieser Koeffizient kann in
Prozenten ausgedrückt werden und vermittelt im allgemeinen ein
gutes Bild von der Qualität einer streuenden Grösse.

6.2.1 Betonfestigkeit

Durch Festigkeitsmessungen an Prüfkörpern, die laufend aus
den Mischerchargen des Bauwerkbetons entnommen werden (Qualitätskontrolle), versucht man sich ein Bild von der wirklichen Beschaffenheit der Bauwerksfestigkeit zu machen. Es
stellt sich hier die Frage, welcher Zusammenhang zwischen
Messwerten von Prüfkörpern und den tatsächlichen Bauwerkseigenschaften besteht.

Zwischen den Mittelwerten der Bauwerksfestigkeit und der Festigkeit der Prüfkörper bestehen im allgemeinen gewisse Unterschiede, die auf Grösse, Form und spezielle Lagerungsbedingungen der
Probekörper wie auch auf das Prüfverfahren zurückzuführen sind.
Da es sich hier vorwiegend um systematische Einflüsse handelt,
ist es leicht möglich, das nahezu konstante Verhältnis zwischen mittlerer Bauwerkbetonfestigkeit und mittlerer Prüfkörperfestigkeit zu bestimmen. Untersuchungen in [22] ergaben,

dass ebenfalls aus der Streuung der Ergebnisse von Würfelproben auf die Streuung der Betonfestigkeit im Bauwerk ge-
schlossen werden kann. Ein Vergleich der Streuungen von
254 Bohrkernproben aus einer Fundamentplatte von über
17000 m^3 Volumen mit 122 regulär hergestellten Probewürfeln
ergab Standardabweichungen von 43 kg/cm^2, bzw. 45 kg/cm^2.

Um gesicherte, allgemeingültige Gesetzmässigkeiten formulieren zu können, sind weitere Untersuchungen in dieser Richtung
notwendig. Aus Mangel an Versuchsergebnissen wird für die weiteren Betrachtungen die Annahme getroffen, dass die Festig-
keitsstreuungen von Prüfkörpern mit den entsprechenden Streuungen des Bauwerkbetons identisch sind.

Eine weitere Frage betrifft die Art der Streuungsverteilung.
Bild 6.1 zeigt eine typische Häufigkeitsverteilung wie sie
aus 72 Würfelproben im Zusammenhang mit den Stützenversuchen
[7] ermittelt wurde.

Im Wahrscheinlichkeitsnetz wird diese Verteilung durch einen
Polygonzug charakterisiert. In den meisten Fällen kann sie
durch eine Gauss'sche Normalverteilung angenähert werden
(gestrichelte Linie). Im Wahrscheinlichkeitsnetz erscheint
eine Normalverteilung als Gerade. Theoretisch ist die Annahme einer Normalverteilung für Festigkeiten unzulässig, da
die Normalverteilung auch negative Werte zulässt (Bereich
von $-\infty$ bis $+\infty$). Aus diesem Grunde wird oft die normale Verteilung der Logarithmen der Festigkeiten untersucht (Bereich
von 0 bis $+\infty$). Wegen der besonders einfachen mathematischen
Handhabung verzichtet man jedoch nicht gerne auf die Annahme
einer Normalverteilung. Wie in [19] nachgewiesen wird, kann
die Normalverteilung in den meisten Fällen als ein hinreichend
zutreffendes Modell verwendet werden. Es wird empfohlen, nur
für sehr grosse Streuungen (v > 25 %) mit einer gestutzten
oder einer logarithmischen Normalverteilung zu rechnen.

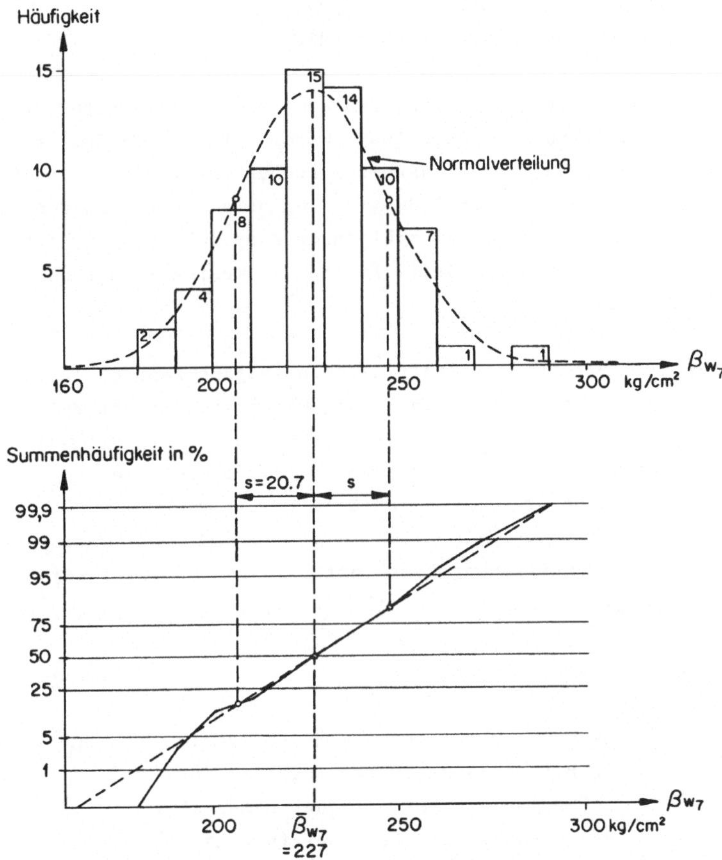

Bild 6.1 : Häufigkeitsverteilung und Summenhäufigkeiten der Betondruckfestigkeiten von 72 Würfelproben im Alter von 7 Tagen.

Hauptsächliche Streuungsursachen sind:

- Abweichungen in der Betonzusammensetzung
- Schwankungen in der Verdichtung
- Unterschiede in der Nachbehandlung

Durch ständige Qualitätsüberwachung und Qualitätssteuerung
kann das Streumass beeinflusst werden. Bei guter Qualitätskontrolle sind Variationskoeffizienten von weniger als 10 %
möglich (z.B. bei der industriellen Herstellung von Fertig-
elementen), während bei schlechter oder fehlender Qualitätskontrolle Variationskoeffizienten von mehr als 20 % oder
25 % auftreten können.

Der Informationswert einer Streuungsangabe kann durch eine
hierarchische Streuungszerlegung wesentlich erhöht werden.
Sie bildet ein wirkungsvolles Hilfsmittel zur Bestimmung
des Anteils bestimmter Ursachen an der Gesamtstreuung
(theoretische Grundlagen in [8]).

Die einzelnen Streuungskomponenten können beispielsweise
nach folgendem Schema ermittelt werden:

Stufe	Element und Herkunft	Anzahl
1	<u>Bauwerke</u> einer bestimmten Kategorie (z.B.: Strassenbrücken ungefähr derselben Grösse mit gleicher nomineller Betonfestigkeit, Betonherstellung auf der Baustelle)	n_1
2	<u>Mischerchargen</u> von jeder Baustelle	n_2
3	<u>Probekörper</u> aus jeder Mischung	n_3

Die Gesamtheit einer solchen Erhebung hat den Charakter einer

Stichprobe aus einer unendlich grossen Grundgesamtheit. Die berechneten Streuungskomponenten sind somit identisch mit den Erwartungswerten, der - an sich unbekannten - Streuungen der Grundgesamtheit.

In der Tabelle 6.1 sind die Grundlagen für eine dreistufige Streuungszerlegung zusammengestellt. Aus der Streuungszerlegung ist unmittelbar zu erkennen, welche Ursachen grossen, bzw. kleinen Einfluss auf die Gesamtstreuung haben. Diese Methode ist an folgende Voraussetzungen gebunden (vgl. [8]):

1. Die Einzelwerte x_{ijk} müssen gemäss

$$x_{ijk} = \alpha + \beta_i + \gamma_{ij} + \delta_{ijk}$$

zusammengesetzt sein. α ist eine Konstante, β_i, γ_{ij} und δ_{ijk} sind normalverteilte, zufällige Grössen mit dem Durchschnitt null.

2. Die Grössen β_i, γ_{ij} und δ_{ijk} müssen je unter sich stochastisch unabhängig sein.

3. Die Grössen β_i, γ_{ij} und δ_{ijk} müssen gegenseitig stochastisch unabhängig sein.

Bei der Auswertung von Stichprobenerhebungen muss jeweils geprüft werden, ob diese Voraussetzungen erfüllt sind.

Bei der in Bild 6.1 dargestellten Verteilung wurden aus 18 unabhängigen Mischerchargen je 4 Probewürfel geprüft. Eine zweistufige Streuungszerlegung gibt in diesem Fall Aufschluss über die Grösse der Streuungen zwischen den Probekörpern innerhalb einer Mischung sowie über die Streuungen zwischen den Mischungen (Tabelle 6.2).

Tabelle 6.1

Dreistufige Streuungszerlegung

<u>Bezeichnungen :</u>

Messwerte : x_{ijk} $i = 1, 2, 3 \ldots\ldots n_1$ (1. Stufe)

$j = 1, 2, 3 \ldots\ldots n_2$ (2. Stufe)

$k = 1, 2, 3 \ldots\ldots n_3$ (3. Stufe)

Gesamtanzahl $n = n_1 \, n_2 \, n_3$

Mittelwerte der Elemente 3. Stufe in der 2. Stufe :

$$\bar{x}_{ij} = \frac{\sum_k x_{ijk}}{n_3}$$

Mittelwerte der Elemente 2. Stufe in der 1. Stufe :

$$\bar{x}_i = \frac{\sum_j \sum_k x_{ijk}}{n_2 \, n_3} = \frac{\sum_j \bar{x}_{ij}}{n_2}$$

Mittelwert der gesamten Stichprobe :

$$\bar{x} = \frac{\sum_i \sum_j \sum_k x_{ijk}}{n} = \frac{\sum_i \sum_j \bar{x}_{ij}}{n_1 \, n_2} = \frac{\sum_i \bar{x}_i}{n_1}$$

<u>Schema der Streuungszerlegung :</u>

Streuung	Freiheitsgrad	Summe der Quadrate	Erwartungswerte der Streuungs - komponenten
zwischen Elementen 1. Stufe	$f_1 = n_1 - 1$	$q_1 = n_2 n_3 \sum_i (\bar{x}_i - \bar{x})^2$	$\bar{s}_1^2 = \dfrac{q_1}{f_1} =$ $s_3^2 + n_3 s_2^2 + n_3 n_2 s_1^2$
zwischen Elementen 2. Stufe	$f_2 = n_1 (n_2 - 1)$	$q_2 = n_3 \sum_i \sum_j (\bar{x}_{ij} - \bar{x}_i)^2$	$\bar{s}_2^2 = \dfrac{q_2}{f_2} =$ $s_3^2 + n_3 s_2^2$
zwischen Elementen 3. Stufe	$f_3 = n_1 n_2 (n_3 - 1)$	$q_3 = \sum_i \sum_j \sum_k (x_{ijk} - \bar{x}_{ij})^2$	$\bar{s}_3^2 = \dfrac{q_3}{f_3} =$ s_3^2
zwischen sämtlichen Elementen	$f = n_1 n_2 n_3 - 1$	$q = \sum_i \sum_j \sum_k (x_{ijk} - \bar{x})^2$	————

Tabelle 6.2
Streuungszerlegung in zwei Stufen: Würfeldruckfestigkeit
β_w nach 7 Tagen.

Mittelwert $\bar{\beta}_{w7} = 227$ kg/cm^2, $n_1 = 18$, $n_2 = 4$			
Streuung	Freiheits-grad	Summe der Quadrate	Erwartungswerte der Streuungskomponenten
zwischen den Mischungen	17	22'772	$1'340 = s_2^2 + n_2\, s_1^2$ $= 140 + 4\cdot300$
zwischen den Probekörpern	54	7'557	$140 = s_2^2$
zwischen sämtlichen Probekörpern	71	30'329	----
Streuungskomponenten:	$s_1^2 = 300$		$s_1 = 17.3$ kg/cm^2
	$s_2^2 = 140$		$s_2 = 11.8$ kg/cm^2

Wie bereits in Abschnitt 6.1 festgestellt wurde, sind für
Durchbiegungsberechnungen die Mittelwerte der einzelnen Parameter über die gesamte Stablänge massgebend. Wir fragen also
beispielsweise nach dem Erwartungswert der Streuung der
durchschnittlichen Betonfestigkeit oder des durchschnittlichen E - Moduls eines bestimmten Tragelements.

Der Erwartungswert für die Streuung des Durchschnitts bei
der dreistufigen Stichprobenerhebung beträgt:

$$s^2(\bar{x}) = \frac{s_3^2 + n_3\, s_2^2 + n_3\, n_2\, s_1^2}{n}$$

$$= \frac{s_3^2}{n_1\, n_2\, n_3} + \frac{s_2^2}{n_1\, n_2} + \frac{s_1^2}{n_1} \tag{6.1}$$

Da es sich immer um die Bemessung von Tragelementen innerhalb eines bestimmten Bauwerks handelt, wird $n_1 = 1$ gesetzt.

Werden für das zu bemessende Tragelement z Mischerchargen
benötigt, kann $n_2 = z$ gesetzt werden. Für kleine Werte von
z (z.B. $1 < z < 5$) empfiehlt es sich, im Sinne einer praktischen Regel, für $n_2 = 1$ zu setzen. Damit wird berücksichtigt, dass einzelne Mischungen einen unverhältnismässig grossen Einfluss auf die Gesamtverformungseigenschaften ausüben
können.

Aus dem Mittelwert und der Streuung des Mittelwertes lassen
sich nun eine obere und eine untere Vertrauensgrenze für
diesen Wert berechnen:

$$\bar{x}_{o,u} = \bar{x} \pm u_W \cdot s(\bar{x}) \tag{6.2}$$

Wird aus einer Grundgesamtheit eine Stichprobe vom Umfang n
entnommen, so liegt der Mittelwert mit der Wahrscheinlichkeit
1-W im Intervall $(\bar{x}_o, \bar{x}_u)$. Sollen bei fortgesetzter Stichpro-
benentnahme höchstens 1 % aller Mittelwerte ausserhalb $(\bar{x}_o, \bar{x}_u)$
liegen, muss für $u_W = u_{0.01}$ der Wert 2.576 eingesetzt werden.

Wenn $\bar{x}$ und $s(\bar{x})$ aus einer relativ kleinen Stichprobe berechnet werden, liegen die Vertrauensgrenzen für den Mittelwert
weiter auseinander. Anstelle von Formel (6.2) muss die
Formel (6.3) verwendet werden:

$$\bar{x}_{o,u} = \bar{x} \pm t_W \cdot s(\bar{x}) \qquad\qquad (6.3)$$

Die t - Verteilung ist flacher als die Normalverteilung.
Mit zunehmendem Umfang der Stichprobengrösse nähert sich
der t_W - Wert jedoch ziemlich rasch dem u_W - Wert:

- für n = 20 beträgt $t_{0.01}$ = 2.861 (10 % grösser als $u_{0.01}$)
- für n = 100 beträgt $t_{0.01}$ = 2.626 (2 % grösser als $u_{0.01}$)

Auf die, in der Tabelle 6.2 dargestellte Stichprobenerhebung angewendet, kommt man zu folgenden Ergebnissen:

1. 1 % - Vertrauensgrenze des Mittelwertes $\bar{\beta}_{w7}$ der gesamten
   Betonmenge:

$$\bar{\beta}_{w7\ o,u} = \bar{\beta}_{w7} \pm t_{0.01}(n=n_1-1) \cdot \sqrt{\frac{s_1^2}{n_1} + \frac{s_2^2}{n_1\,n_2}}$$

$$\bar{\beta}_{w7\ o,u} = 227 \pm 2.898 \cdot \sqrt{\frac{300}{18} + \frac{140}{72}} = 227 \pm 12.5\ \text{kg/cm}^2$$

Variationskoeffizient:

$$v(\bar{\beta}_{w7}) = \frac{1}{227} \cdot \sqrt{\frac{300}{18} + \frac{140}{72}} = 0.0190$$

Wenn man die Streuungen innerhalb der Mischungen vernachlässigt ($n_2 = \infty$), ergibt sich:

$$\bar{\beta}_{w7\ o,u} = \bar{\beta}_{w7} \pm t_{0.01}(n=n_1-1) \cdot \sqrt{\frac{s_1^2}{n_1}}$$

$$\bar{\beta}_{w7\ o,u} = 227 \pm 2.898 \cdot \sqrt{\frac{300}{18}} = 227 \pm 11.8\ \text{kg/cm}^2$$

Variationskoeffizient:

$$v(\bar{\beta}_{w7}) = \frac{1}{227} \cdot \sqrt{\frac{300}{18}} = 0.0180$$

Der Vergleich zeigt, dass der Einfluss der Streuungen innerhalb der Mischungen von untergeordneter Bedeutung ist.

2. 1 % - Vertrauensgrenzen des Mittelwertes $\bar{\beta}_{w7}^{\,i}$ einer Mischung:

$$\bar{\beta}_{w7}^{\,i}{}_{o,u} = \bar{\beta}_{w7} \overset{+}{-} t_{0.01}(n=n_1-1) \cdot \sqrt{\frac{s_2^2}{n_2} + s_1^2}$$

$$\bar{\beta}_{w7}^{\,i}{}_{o,u} = 227 \overset{+}{-} 2.898 \cdot \sqrt{\frac{140}{4} + 300} = 227 \overset{+}{-} 53 \ \text{kg/cm}^2$$

Variationskoeffizient:

$$v(\bar{\beta}_{w7}^{\,i}) = \frac{1}{227} \cdot \sqrt{\frac{140}{4} + 300} = 0.0806$$

3. Im speziellen Fall der angeführten Stichprobenerhebung ist mit dem bekannten Durchschnitt von je 4 Stichproben aus jeder Mischung bereits ein Erwartungswert für den Mittelwert jeder Mischung gegeben. Ebenfalls ist der Erwartungswert der Streuung zwischen diesen Werten bekannt. Daraus lässt sich der Mittelwert wesentlich stärker einschränken:

$$\bar{\beta}_{w7}^{\,i}{}_{o,u} = \bar{\beta}_{w7}^{\,i} \overset{+}{-} t_{0.01}(n=n_1(n_2-1)) \cdot \frac{s_2}{\sqrt{4}}$$

$$\bar{\beta}_{w7}^{\,i}{}_{o,u} = \bar{\beta}_{w7}^{\,i} \overset{+}{-} 2.671 \cdot \sqrt{\frac{140}{4}} = \bar{\beta}_{w7}^{\,i} \overset{+}{-} 16 \ \text{kg/cm}^2$$

Bei der Projektierung sind natürlich die Werte $\bar{\beta}_{w7}^{i}$ noch
unbekannt, so dass die Vertrauensgrenzen nur nach Punkt 2
berechnet werden können. Dabei muss für die Streuung ein
Erfahrungswert aus früheren Stichprobenerhebungen eingesetzt werden.

6.2.2 Weitere Materialeigenschaften

Neben den Schwankungen der Betonfestigkeit wird die M - ϕ -
Beziehung auch durch die Schwankungen der übrigen Materialeigenschaften, wie Elastizitätsmodul von Beton und Stahl sowie
der Streckgrenze und der Zugfestigkeit des Armierungsstahls,
beeinflusst.

Leider werden die Ergebnisse von Stichprobenerhebungen nur
in seltenen Fällen publiziert. Meistens werden sie nur zur
werkinternen Dokumentation verwendet. Umfassende, systematische Zusammenstellungen von statistischen Verteilungen
sind daher nicht vorhanden. Einige Literaturhinweise sind
in [20] und [21] enthalten.

6.2.3 Ungenauigkeiten der Querschnittsabmessungen

Neben den Materialeigenschaften werden die M - ϕ - Beziehungen
auch von den Querschnittswerten b, h, d, F_e und F_e' beeinflusst.
Besonders der Einfluss von h und F_e kann sehr bedeutend werden.

Es darf angenommen werden, dass die Streuungen der Querschnittsabmessungen b, h und d mit zunehmender Querschnittsgrösse
nur gering ansteigen werden. Die Variationskoeffizienten werden also mit zunehmender Querschnittsgrösse abnehmen. Die
Unsicherheiten können sich daher bei geringen Querschnittsabmessungen stärker auswirken. Neben den Querschnittsabmes-

sungen ist aber auch bei den Querschnittsflächen der Ar-
mierungsstähle mit gewissen Schwankungen (Walztoleranzen)
zu rechnen.

Im Rahmen dieser Arbeit ist es nicht möglich, auf die zahl-
reichen offenen Fragen über Art, Grösse und Abhängigkeit
der Streuungen näher einzugehen. Nur mit umfassenden und
systematischen Stichprobenerhebungen wird es möglich sein,
diese Zusammenhänge zu klären. Unabdingbare Voraussetzungen
dafür sind: gute Koordination zwischen den Materialprüfungs-
instituten und Vereinheitlichung der Prüfverfahren. Das For-
schungsziel wäre die Aufstellung zuverlässiger Streuungspro-
gnosen, aufgrund bekannter oder mit grosser Wahrscheinlichkeit zu erwartender Herstellungsbedingungen.

6.3 Einflüsse einzelner Parameter auf die M - ϕ - Beziehung

In diesem Abschnitt soll der Einfluss einzelner Parameter auf
die M - ϕ - Beziehungen mit Hilfe des Gauss'schen Fehlerfort-
pflanzungsgesetzes untersucht werden. Dieses Gesetz formuliert
den Zusammenhang zwischen den Streuungen einzelner Grössen
$s(q_1)$, $s(q_2)$ .... $s(q_n)$ und der Streuung s_f einer linearen
Funktion $f(q_1, q_2 .... q_n)$ dieser Grössen:

$$s_f = \sqrt{(\frac{\partial f}{\partial q_1})^2 \, s^2(q_1) + (\frac{\partial f}{\partial q_2})^2 \, s^2(q_2) + ... (\frac{\partial f}{\partial q_n})^2 \, s^2(q_n)} \quad (6.4)$$

Wenn die Einflussgrössen q_1, q_2 .... q_n normal verteilt und
voneinander unabhängig sind, ist auch jede lineare Funktion
der Einflussgrössen normal verteilt.

Bei kleinen Streuungen kann das Fehlerfortpflanzungsgesetz
in erster Näherung auch auf beliebige Funktionen von näherungsweise normal verteilten Grössen angewendet werden. In diesem

Sinn soll nun der Einfluss der einzelnen Parameter auf charakteristische Punkte der M - ϕ - Beziehung untersucht werden. Charakteristische Punkte sind beispielsweise der Punkt $A_1(\phi(\sigma_p),M(\sigma_p))$ beim Erreichen der Proportionalitätsgrenze in der Zugarmierung und der Punkt $A_2(\phi_{Br},M_{Br})$ beim Erreichen einer nominellen Betonbruchstauchung ε_{Br}. Unterhalb $A_1(\phi(\sigma_p),M(\sigma_p))$ verlaufen die M - ϕ - Grundbeziehungen annähernd linear, oberhalb $A_1(\phi(\sigma_p),M(\sigma_p))$ ist eine starke Krümmungszunahme festzustellen.

Im Punkt $A_2(\phi_{Br},M_{Br})$ kann die Normalkraft P explizit in Funktion der Variablen q_i (q_i = streuender Parameter) formuliert werden:

$$P = f(\varepsilon_e,q_i) \qquad (\varepsilon_b = \varepsilon_{Br} = \text{konst.}) \qquad\qquad (6.5)$$

Eine Veränderung von q_i wird eine Veränderung von ε_e bewirken

$$\frac{\partial\varepsilon_e}{\partial q_i} = -\frac{\dfrac{\partial P}{\partial q_i}}{\dfrac{\partial P}{\partial\varepsilon_e}} \qquad\qquad (6.6)$$

Daraus ergibt sich die Veränderung von ϕ_{Br}

$$\frac{\partial\phi_{Br}}{\partial q_i} = \left[\frac{\dfrac{\partial P}{\partial q_i}}{\dfrac{\partial P}{\partial\varepsilon_e}} \cdot \frac{1}{h} \cdot \frac{q_i}{\phi_{Br}}\right] \cdot \frac{\phi_{Br}}{q_i} = \zeta_\phi(q_i) \cdot \frac{\phi_{Br}}{q_i} \qquad\qquad (6.7)$$

Bei n streuenden Grössen $\bar{q}_i$ mit den Variationskoeffizienten $v(\bar{q}_i)$ lässt sich somit der Variationskoeffizient der Bruchkrümmung $v(\phi_{Br})$ angeben:

$$v(\phi_{Br}) = \frac{s(\phi_{Br})}{\phi_{Br}} = \sqrt{\sum_{i=1}^{n} \left[\zeta_\phi(q_i) \cdot v(\bar{q}_i) \right]^2} \tag{6.8}$$

Analog zu P kann auch M_{Br} formuliert werden:

$$M_{Br} = f(\varepsilon_e, q_i) \tag{6.9}$$

Die Veränderung von M_{Br} ergibt sich aus den Veränderungen von ε_e und q_i

$$\delta M_{Br} = \frac{\partial M_{Br}}{\partial \varepsilon_e} \cdot \delta \varepsilon_e + \frac{\partial M_{Br}}{\partial q_i} \cdot \delta q_i$$

oder

$$\frac{\delta m_{Br}}{m_{Br}} = \left[\frac{\partial M_{Br}}{\partial \varepsilon_e} \cdot \frac{1}{M_{Br}} \right] \cdot \delta \varepsilon_e + \left[\frac{\partial M_{Br}}{\partial q_i} \cdot \frac{1}{M_{Br}} \right] \cdot \delta q_i \tag{6.10}$$

oder bei Berücksichtigung von Gleichung (6.6):

$$\frac{\delta m_{Br}}{m_{Br}} = \left[\frac{q_i}{M_{Br}} \left(\frac{\partial M_{Br}}{\partial q_i} - \frac{\partial M_{Br}}{\partial \varepsilon_e} \cdot \frac{\frac{\partial P}{\partial q_i}}{\frac{\partial P}{\partial \varepsilon_e}} \right) \right] \frac{\delta q_i}{q_i} = \zeta_m(q_i) \cdot \frac{\delta q_i}{q_i} \tag{6.11}$$

Damit ist die partielle Ableitung der Funktion $m_{Br}(p, \varepsilon_e, q_i)$ in Richtung von p = konst. gegeben:

$$\frac{\partial m_{Br}}{\partial q_i} = \zeta_m(q_i) \cdot \frac{m_{Br}}{q_i} \tag{6.12}$$

Bei n streuenden Grössen $\bar{q}_i$ mit den Variationskoeffizienten $v(\bar{q}_i)$ lässt sich der Variationskoeffizient des Bruchmoments $v(M_{Br})$ angeben:

$$v(M_{Br}) = v(m_{Br}) = \frac{s(m_{Br})}{m_{Br}} = \sqrt{\sum_{i=1}^{n} \left[\zeta_m(q_i) \cdot v(\bar{q}_i) \right]^2} \qquad (6.13)$$

Die Variationskoeffizienten $v(\phi(\sigma_p))$ und $v(m(\sigma_p))$ können in analoger Weise hergeleitet werden. Dabei ist zu beachten, dass in diesem Fall ε_b variabel und ε_e konstant ist ($\varepsilon_e = \varepsilon_p =$ konst.).

Wenn zwischen den gegebenen Parametern und den der Berechnung von M - ϕ - Diagrammen (vgl. Anhang) zugrunde gelegten Werten kleinere Unterschiede bestehen, können die Funktionen $\zeta_\phi(q_i)$ und $\zeta_m(q_i)$ auch für die Berechnung einer entsprechenden Korrektur dieser Diagramme benützt werden (Hinweise in den Abschnitten 3.1.4 und 3.2).

Die Abweichungen zwischen den festen Parameterwerten eines m - ϕ - Diagramms und den effektiven Werten q_i sei Δq_i. Damit betragen die Abweichungen der effektiven Bruchkrümmung und des effektiven Bruchmoments von den Tafelwerten

$$\Delta\phi_{Br} = \left[\sum_{i=1}^{n} \zeta_\phi(q_i) \cdot \frac{\Delta q_i}{q_i} \right] \cdot \phi_{Br} \qquad (6.14)$$

$$\Delta m_{Br} = \left[\sum_{i=1}^{n} \zeta_m(q_i) \cdot \frac{\Delta q_i}{q_i} \right] \cdot m_{Br} \qquad (6.15)$$

Analog für $\Delta m(\sigma_p)$ und $\Delta\phi(\sigma_p)$.

Durch lineare Interpolation können die Abweichungen eines beliebigen Punktes der m - ϕ - Grundbeziehungen berechnet werden. Es ergeben sich folgende Korrekturwerte:

für $0 \leq m \leq m(\sigma_p)$

$$\Delta m = \Delta m(\sigma_p) \cdot \frac{m}{m(\sigma_p)} \qquad (6.16)$$

$$\Delta \phi = \Delta \phi(\sigma_p) \cdot \frac{\phi}{\phi(\sigma_p)} \qquad (6.17)$$

für $m(\sigma_p) < m \leq m_{Br}$

$$\Delta m = \Delta m(\sigma_p) + \frac{\Delta m_{Br} - \Delta m(\sigma_p)}{m_{Br} - m(\sigma_p)} \, (m - m(\sigma_p)) \qquad (6.18)$$

$$\Delta \phi = \Delta \phi(\sigma_p) + \frac{\Delta \phi_{Br} - \Delta \phi(\sigma_p)}{\phi_{Br} - \phi(\sigma_p)} \, (\phi - \phi(\sigma_p)) \qquad (6.19)$$

Im Anhang sind graphische Darstellungen der Funktionen $\zeta_\phi(q_i)$ und $\zeta_m(q_i)$ für einige Armierungsgehalte μ bzw. μ' enthalten. Die Funktionen wurden nur für $\beta = 300$ kg/cm^2 dargestellt. Die Abhängigkeit der Funktionen $\zeta_\phi(q_i)$ und $\zeta_m(q_i)$ von β ist nur sehr schwach, so dass im Bereich 200 kg/cm$^2 \leq \beta \leq 400$ kg/cm^2 dieselben Funktionswerte anwendbar sind.

Um die Anzahl der notwendigen Diagramme beschränken zu können, wurde angenommen, dass zwischen den Parametern β und E_b eine lineare Abhängigkeit besteht. Eine Streuung von β, bzw. von E_b, ist dann gleichbedeutend einer Streuung von b.

Die Einflüsse von σ_p und E_e auf $A_2(\phi_{Br}, m_{Br})$ sind vernachlässigbar klein. Der Einfluss von β_z auf $A_1(\phi(\sigma_p), m(\sigma_p))$ ist ebenfalls unbedeutend (geringer Einfluss vorhanden, wenn $\sigma'_e > |\sigma_p|$). Der Einfluss von σ_p auf $A_1(\phi(\sigma_p), m(\sigma_p))$ ist zwar bedeutend, die Korrekturwerte liegen jedoch praktisch in der Fortsetzung der ursprünglichen $m - \phi$ - Kurve und können sich daher nicht wesentlich auswirken.

Der Einfluss von E_e auf $A_1(\phi(\sigma_p),m(\sigma_p))$ kann annähernd dem
Einfluss von μ gleichgesetzt werden, wenn $\sigma_e' > |\sigma_p|$ ist;
für $\sigma_e' < |\sigma_p|$ ist der Einfluss von E_e auf $A_1(\phi(\sigma_p),m(\sigma_p))$
der Summe der Einflüsse von μ und μ' gleichwertig. Der Ein-
fluss von h' ist durchwegs gering.

Aus den angeführten Gründen kann man sich für $A_1(\phi(\sigma_p),m(\sigma_p))$
auf die Einflussparameter b, h, μ, μ' und für $A_2(\phi_{Br},m_{Br})$ auf
b, h, μ, μ' und β_z beschränken.

6.4 Vertrauensbereich der M - ϕ - Beziehung

Die Streuungen $s(\phi(\sigma_p))$ und $s(m(\sigma_p))$ um den Mittelpunkt
$A_1(\phi(\sigma_p),m(\sigma_p))$ sowie $s(\phi_{Br})$ und $s(m_{Br})$ um den Mittelpunkt $A_2(\phi_{Br},m_{Br})$ wurden unter der Annahme berechnet, dass
die einzelnen Parameter annähernd normal verteilt und ihre
Streuungen relativ klein sind. Unter dieser Voraussetzung
sind auch die Funktionen $m(\sigma_p)$, $\phi(\sigma_p)$, m_{Br} und ϕ_{Br} dieser
Parameter annähernd normal verteilt. Es handelt sich hier
um eine zweidimensionale normale Verteilung in der m - ϕ -
Ebene, Punkte gleicher Häufigkeit liegen auf Ellipsen mit
dem Mittelpunkt in A_1, bzw. in A_2; sie sind gleichgerichtet
und ähnlich. Unter der Annahme, dass zwischen den Grössen
$\phi(\sigma_p)$ und $m(\sigma_p)$ sowie zwischen ϕ_{Br} und m_{Br} keine Korrelation
besteht, sind die Ellipsenaxen parallel zu den Koordinaten-
axen.

Die Gleichungen der Ellipsen sind gegeben durch

$$\left[\frac{\bar{\phi}}{s(\phi(\sigma_p))}\right]^2 + \left[\frac{\bar{m}}{s(m(\sigma_p))}\right]^2 = x_W^2 \qquad (6.20)$$

und

$$\left[\frac{\bar{\phi}}{s(\phi_{Br})}\right]^2 + \left[\frac{\bar{m}}{s(m_{Br})}\right]^2 = \chi_W^2 \tag{6.21}$$

(wobei $\bar{\phi} = \phi - \phi_{Br}$ und $\bar{m} = m - m_{Br}$ ist).

Die χ^2 - Verteilung ist mit dem Freiheitsgrad $f = 2$ zu nehmen. Für die 5 % - Vertrauensgrenzen ergibt sich $\chi_{0.05}^2 = 5.991$ (nach [8]).

Aus (6.20) und (6.21) können die Halbaxen der Ellipsen bestimmt werden:

$$a_1 = \chi_W \cdot s(\phi(\sigma_p)) \tag{6.22}$$

$$b_1 = \chi_W \cdot s(m(\sigma_p)) \tag{6.23}$$

$$a_2 = \chi_W \cdot s(\phi_{Br}) \tag{6.24}$$

$$b_2 = \chi_W \cdot s(m_{Br}) \tag{6.25}$$

Die Vertrauensgrenzen a_W^o und a_W^u der m - ϕ - Beziehungen können nun näherungsweise als tangierende Kurven an diese beiden Ellipsen bestimmt werden. Bild 6.2 zeigt eine m - ϕ - Grundbeziehung mit den beiden Ellipsen in A_1 und A_2 und dem zugehörenden Vertrauensbereich. Die Koordinaten der Tangentenpunkte lassen sich aus der Neigung α_1 bzw. α_2 der m - ϕ - Kurve im Punkt A_1 bzw. A_2 und aus den Ellipsenhalbaxen bestimmen (Bild 6.3).

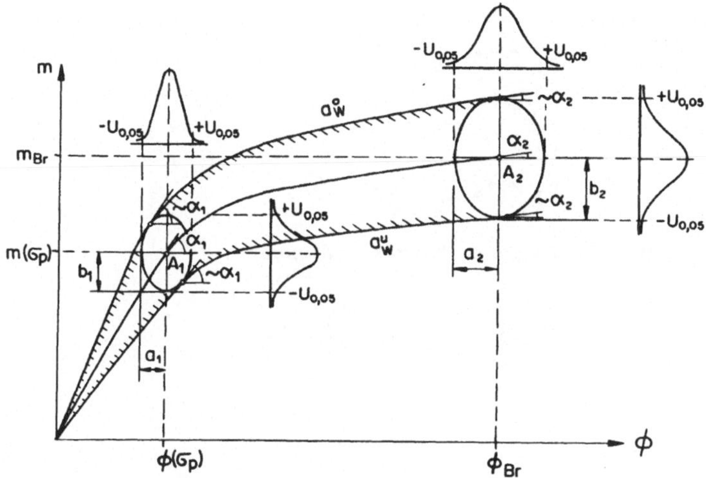

Bild 6.2: Grundbeziehung zwischen Moment und Krümmung mit zugehörendem Vertrauensbereich.

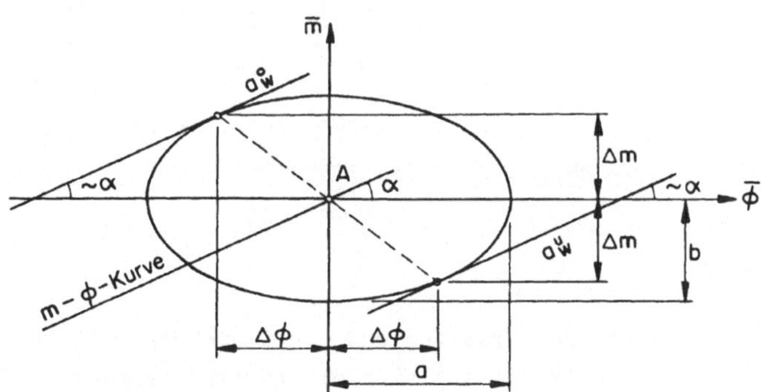

Bild 6.3: Die Vertrauensgrenzen tangieren die Ellipsen gleicher Wahrscheinlichkeit um den Mittelpunkt $A_1(\phi(\sigma_p), m(\sigma_p))$, bzw. $A_2(\phi_{Br}, m_{Br})$. Die Tangentenpunkte sind durch die Korrekturelemente $\Delta\phi$ und Δm bestimmt (Formeln 6.28 – 6.31).

Mit den Abkürzungen

$$c_1 = \text{tg } \alpha_1 \tag{6.26}$$

und

$$c_2 = \text{tg } \alpha_2 \tag{6.27}$$

ergeben sich folgende Korrekturelemente:

$$\Delta\phi(\sigma_p) = -a_1 \frac{c_1}{\sqrt{\dfrac{b_1^2}{a_1^2} + c_1^2}} \tag{6.28}$$

$$\Delta m(\sigma_p) = b_1 \frac{\dfrac{b_1}{a_1}}{\sqrt{\dfrac{b_1^2}{a_1^2} + c_1^2}} \tag{6.29}$$

$$\Delta\phi_{Br} = -a_2 \frac{c_2}{\sqrt{\dfrac{b_2^2}{a_2^2} + c_2^2}} \tag{6.30}$$

$$\Delta m_{Br} = b_2 \frac{\dfrac{b_2}{a_2}}{\sqrt{\dfrac{b_2^2}{a_2^2} + c_2^2}} \tag{6.31}$$

Mit diesen Korrekturwerten und den Gleichungen (6.16), (6.17), (6.18) und (6.19) lassen sich die Korrekturelemente für einen beliebigen Punkt der m - ϕ - Grundbeziehungen berechnen.

<u>Numerisches Beispiel</u>

Gegeben sei ein Rechteckquerschnitt mit folgenden Daten:

Querschnittswerte: $\bar{\mu} = \bar{\mu}' = 1$ %

$\bar{\beta} = 300$ kg/cm^2

Alle übrigen Parameter entsprechend den
Tafelwerten des Anhangs (Seite 162).

Variationskoeffizienten der einzelnen Parameter:

$v(\bar{b})$ $= 0.02$

$v(\bar{h})$ $= 0.02$

$v(\bar{\mu})$ $= v(\bar{\mu}') = 0.04$

$v(\bar{\beta}_z)$ $= 0.06$

$v(\bar{E}_b,\bar{\beta})$ $= 0.07$

$v(\bar{E}_e)$ $= 0.03$

Aeussere Belastung:

a) $p = 0$

b) $p = 0.60$

Gesucht sind die Vertrauensgrenzen der $m - \phi$ - Kurven.

1. Momente, Krümmungen (entnommen aus dem Anhang)

a) <u>p = 0</u>

$m_{Br} = 0.157$ $\qquad m(\sigma_p) = 0.0788$

$\phi_{Br} \cdot h = 0.0146$ $\qquad \phi(\sigma_p) \cdot h = 0.00177$

b) <u>p = 0.60</u>

$m_{Br} = 0.247$ $\qquad m(\sigma_p) > m_{Br}$

$\phi_{Br} \cdot h = 0.00379$ $\qquad \phi(\sigma_p) > \phi_{Br}$

2. Variationskoeffizienten $v(m_{Br})$, $v(\phi_{Br})$, $v(m(\sigma_p))$, $v(\phi(\sigma_p))$
   ($\zeta_\phi(q_i)$ und $\zeta_m(q_i)$ aus dem Anhang)

   a) $\underline{p = 0}$

      Reihenfolge der Parameter: $\bar{b}$, $\bar{h}$, $\bar{\mu}$, $\bar{\mu}'$, $\bar{\beta}_z$, $(\bar{\beta},\bar{E}_b)$, $\bar{E}_e$

$$v(m_{Br})^2 = (0.14 \cdot 0.02)^2 + (1.14 \cdot 0.02)^2 + (0.86 \cdot 0.04)^2$$
$$+ \ 0 + (0.72 \cdot 0.06)^2 + (0.14 \cdot 0.07)^2 + 0$$
$$= 10^{-4} \cdot (0.1 + 5.2 + 11.8 + 0 + 18.7 + 1.0 + 0)$$

$v(m_{Br})$ = 0.061 Der Einfluss von $\bar{\beta}_z$, $\bar{\mu}$ und $\bar{h}$ ist überwiegend.

$$v(m(\sigma_p))^2 = 10^{-4} \cdot (0 + 4.4 + 15.0 + 0 + 0 + 0.1 + 8.6)$$

$v(m(\sigma_p))$ = 0.053 Der Einfluss von $\bar{\mu}$, $\bar{E}_e$ und $\bar{h}$ ist überwiegend.

$$v(\phi_{Br})^2 = 10^{-4} \cdot (0.7 + 0.7 + 3.2 + 0 + 4.9 + 9.1 + 0)$$

$v(\phi_{Br})$ = 0.043 Der Einfluss von $(\bar{\beta},\bar{E}_b)$ und $\bar{\beta}_z$ ist überwiegend.

$$v(\phi(\sigma_p))^2 = 10^{-4} \cdot (0.1 + 0.1 + 0.5 + 0 + 0 + 1.0 + 0.3)$$

$v(\phi(\sigma_p))$ = 0.014 Alle Parameter haben geringen Einfluss.

   b) $\underline{p = 0.60}$

$$v(m_{Br})^2 = 10^{-4} \cdot (4.8 + 17.6 + 0.1 + 1.3 + 0.2 + 59.2 + 0)$$

$v(m_{Br})$ = 0.091 Der Einfluss von $(\bar{\beta},\bar{E}_b)$ und $\bar{h}$ überwiegt.

$$v(\phi_{Br})^2 = 10^{-4} \cdot (2.0 + 2.0 + 0.1 + 0.3 + 0 + 24.0 + 0)$$

$$v(\phi_{Br}) = 0.053 \quad \text{Der Einfluss von } (\bar{\beta}, \bar{E}_b) \text{ ist überwiegend.}$$

3. Korrekturelemente

a) $\underline{p = 0}$

Aus den $m - \phi$ - Kurven (Anhang) und den Gleichungen (6.26) und (6.27) folgt:

$$c_1 = 0.985 \cdot \frac{m(\sigma_p)}{\phi(\sigma_p)} \qquad\qquad c_2 = 0.0704 \cdot \frac{m_{Br}}{\phi_{Br}}$$

Die Auswertung der Gleichungen (6.28) bis (6.31) ergibt:

$$\Delta\phi(\sigma_p) = -0.014 \cdot \phi(\sigma_p) \cdot \frac{0.985 \frac{m(\sigma_p)}{\phi(\sigma_p)}}{\sqrt{\left[\frac{0.053^2}{0.014^2} + 0.985^2\right] \frac{m(\sigma_p)^2}{\phi(\sigma_p)^2}}} \cdot$$

$$\cdot x_{0.05} = \mp 0.0035 \; \phi(\sigma_p) \cdot x_{0.05} \cong 0$$

$$\Delta m(\sigma_p) = 0.053 \; m(\sigma_p) \cdot \frac{3.79}{\pm 3.90} \cdot x_{0.05} =$$

$$= \pm 0.051 \; m(\sigma_p) \cdot x_{0.05}$$

$$\Delta\phi_{Br} = -0.043 \; \phi_{Br} \cdot \frac{0.0704}{\pm 1.42} \cdot x_{0.05} =$$

$$= \mp 0.0021 \; \phi_{Br} \cdot x_{0.05} \cong 0$$

$$\Delta m_{Br} = 0.061 \; m_{Br} \cdot \frac{1.42}{\pm 1.42} \cdot x_{0.05} = \pm 0.061 \; m_{Br} \cdot x_{0.05}$$

b) $\underline{p = 0.60}$

$$c_2 = 0.238 \cdot \frac{m_{Br}}{\phi_{Br}}$$

$$\Delta\phi_{Br} = -0.053 \, \phi_{Br} \cdot \frac{0.238}{\pm 1.74} = \mp 0.0072 \, \phi_{Br} \cdot \chi_{0.05} \cong 0$$

$$\Delta m_{Br} = 0.091 \, m_{Br} \cdot \frac{1.72}{\pm 1.74} = \pm 0.090 \, m_{Br} \cdot \chi_{0.05}$$

Die $\Delta\phi$ - Korrekturen sind durchwegs vernachlässigbar klein. Man kann sich daher auf die Δm - Korrekturen beschränken:

$$\Delta m(\sigma_p) = \pm \, v(m(\sigma_p)) \cdot m(\sigma_p) \cdot \chi_{0.05} \qquad (6.32)$$

$$\Delta m_{Br} = \pm \, v(m_{Br}) \cdot m_{Br} \cdot \chi_{0.05} \qquad (6.33)$$

4. Vertrauensgrenzen

Mit (6.32), (6.33), (6.16) und (6.18) lassen sich die Vertrauensgrenzen $a^o_{0.05}$ und $a^u_{0.05}$ berechnen:

a) $\underline{p = 0}$

für $0 \le m \le m(\sigma_p)$

$$a^{o,u}_{0.05} = m \cdot (1 \pm 0.051 \cdot \chi_{0.05})$$
$$= m \cdot (1 \pm 0.125)$$

für $m(\sigma_p) < m \le m_{Br}$

$$a^{o,u}_{0.05} = m \pm \chi_{0.05} \cdot \left[0.051 \, m(\sigma_p) + \frac{0.061 \, m_{Br} - 0.051 \, m(\sigma_p)}{m_{Br} - m(\sigma_p)} \, (m - m(\sigma_p)) \right]$$

$$= m \cdot (1 \pm 0.175) \mp 0.050 \cdot m(\sigma_p)$$

b) $\underline{p = 0.60}$

für $0 \leq m \leq m_{Br}$

$$a^{o,u}_{0.05} = m \cdot (1 \pm 0.090 \cdot x_{0.05})$$

$$= m \cdot (1 \pm 0.220)$$

Bild 6.4 zeigt die nominellen m - ϕ - Kurven für p = 0
und p = 0.60 mit den zugehörenden Vertrauensbereichen.

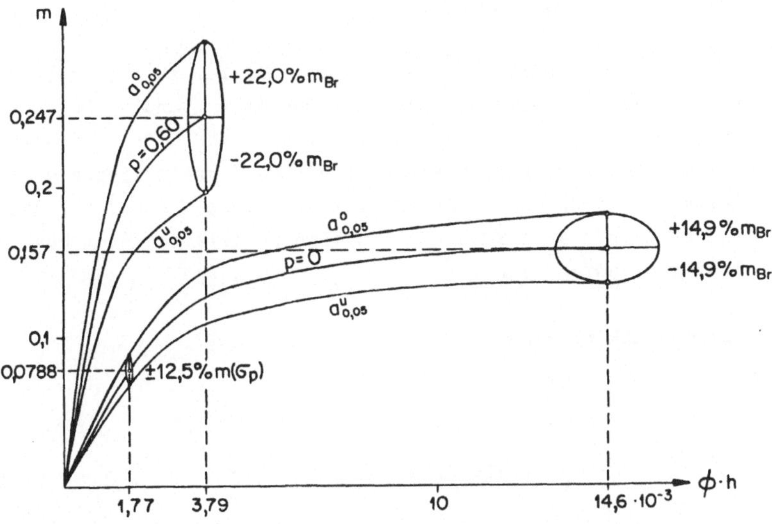

Bild 6.4: Vertrauensbereiche der Grundbeziehungen zwischen Moment und
Krümmung, wie sie auf Grund der Streuungen einzelner Parameter
berechnet werden können.

Mit zunehmender Druckkraft wirken sich Schwankungen der Beton-
druckfestigkeit und der statischen Höhe stärker auf die
m - ϕ - Funktion aus und der Vertrauensbereich wird grösser.

6.5 Einfluss einer Korrelation zwischen Moment und Krümmung

Die Berechnung des Vertrauensbereiches zwischen Moment und Krümmung erfolgte unter der Annahme, dass zwischen m_{Br} und ϕ_{Br} sowie zwischen $m(\sigma_p)$ und $\phi(\sigma_p)$ keine Korrelation besteht. Die Berechtigung dieser Annahme müsste durch Versuche nachgewiesen werden. Wir beschränken uns hier auf die Abschätzung des extremalen Einflusses einer eventuell vorhandenen Korrelation. Diese Abschätzung wird dadurch ermöglicht, dass die Einflussfunktionen und das Gauss'sche Fehlerfortpflanzungsgesetz eine Näherungsberechnung der Streuungen in den Axenrichtungen m und ϕ zulassen.

Um das Problem möglichst einfach formulieren zu können, gehen wir auf ein Koordinatensystem mit den Axen x und y über und untersuchen eine Häufigkeitsverteilung mit dem Durchschnitt $\bar{x} = 0$ und $\bar{y} = 0$. Die Punkte gleicher Häufigkeit liegen wiederum auf Ellipsen, deren Hauptaxenrichtungen u und v jedoch gegenüber den Axen x und y - infolge Korrelation - um den Winkel ω gedreht sind.

Mit den Abkürzungen

$$s_{xx} = \frac{\sum_{i=1}^{n} (x_i - \bar{x})^2}{n - 1} \tag{6.34}$$

$$s_{yy} = \frac{\sum_{i=1}^{n} (y_i - \bar{y})^2}{n - 1} \tag{6.35}$$

und $\qquad s_{xy} = \dfrac{\sum_{i=1}^{n} (x_i - \bar{x})(y_i - \bar{y})}{n - 1} \tag{6.36}$

sind die Ellipsengleichungen gegeben durch

$$s_{xx} \, y^2 + 2s_{xy} \, xy + s_{yy} \, x^2 + x_W^2 \, (s_{xy}^2 - s_{xx} \, s_{yy}) = 0 \qquad (6.37)$$

Der Winkel ω zwischen den Axen x und u kann aus

$$tg \, 2\omega = \frac{2s_{xy}}{s_{xx} - s_{yy}} \qquad (6.38)$$

berechnet werden. Der Korrelationskoeffizient

$$r = \sqrt{\frac{s_{xy}^2}{s_{xx} \, s_{yy}}} \qquad (-1 < r < 1) \qquad (6.39)$$

kann Werte zwischen -1 und +1 annehmen.

Die Grössen s_{xx} und s_{yy} dürfen als bekannt vorausgesetzt werden, während s_{xy} an sich unbekannt ist, aber durch (6.39) eingeschränkt wird.

Die Extrema der Korrelationsellipsen ergeben sich aus der Ableitung von (6.37). Aus $\frac{dy}{dx} = 0$ ergeben sich die extremalen Ordinaten (horizontale Tangenten) und aus $\frac{dx}{dy} = 0$ die extremalen Abszissen (vertikale Tangenten).

Die Ableitung $\frac{dy}{dx}$ von (6.37)

$$\frac{dy}{dx} = - \frac{s_{xy}}{s_{xx}} \, x \, \pm \, \frac{1}{s_{xx}} \frac{x \, (s_{xy}^2 - s_{xx} \, s_{yy})}{\sqrt{(s_{xy}^2 - s_{xx} \, s_{yy})(x^2 - x_W^2 \, s_{xx})}} \qquad (6.40)$$

wird gleich Null gesetzt. Daraus folgt:

$$x = \pm \, x_W \, \frac{s_{xy}}{\sqrt{s_{yy}}} \qquad (6.41)$$

Durch Einsetzen von (6.41) in (6.37) ergibt sich

$$y_{max/min} = \pm\, x_W \sqrt{s_{yy}} \tag{6.42}$$

Die Ableitung $\frac{dx}{dy}$ von (6.37)

$$\frac{dx}{dy} = -\frac{s_{xy}}{s_{yy}}\, y \pm \frac{1}{s_{yy}}\, \frac{y\,(s_{xy}^2 - s_{xx}\, s_{yy})}{\sqrt{(s_{xy}^2 - s_{xx}\, s_{yy})(y^2 - x_W^2\, s_{yy})}} \tag{6.43}$$

wird ebenfalls gleich Null gesetzt. Daraus folgt

$$y = \pm\, x_W \frac{s_{xy}}{\sqrt{s_{xx}}} \tag{6.44}$$

Durch Einsetzen von (6.44) in (6.37) ergibt sich

$$x_{max/min} = \pm\, x_W \sqrt{s_{xx}} \tag{6.45}$$

Es ist bemerkenswert, dass die vier Ellipsenextrema ((6.42) und (6.45)) von s_{xy} unabhängig sind. Bei gegebenen Werten s_{xx} und s_{yy} muss die Korrelationsellipse - unabhängig von s_{xy} - im Tangentenrechteck $x = \pm\, x_W \sqrt{s_{xx}}$, $y = \pm\, x_W \sqrt{s_{yy}}$ liegen (Bild 6.5). Im Fall grösstmöglicher Korrelation ($r = \pm\, 1$) degenerieren die Ellipsen zu Rechteckdiagonalen.

Die Vertrauensgrenzen der m - ϕ - Beziehungen wurden in Abschnitt 6.4 aus Ellipsentangenten bestimmt. Werden anstelle der Tangentenpunkte die Eckpunkte des umschriebenen Rechtecks verwendet (Bild 6.6), so ergeben sich daraus direkt die möglichen Extremlagen der Vertrauensgrenzen. Das Verhältnis d/c ist ein Mass für den möglichen Einfluss einer Korrelation auf den Vertrauensbereich. Aus Bild 6.6 ergibt sich:

$$\frac{d}{c} = \pm\, \frac{a \sin \alpha}{b \cos \alpha} = \pm\, \frac{a}{b}\, tg\, \alpha \tag{6.46}$$

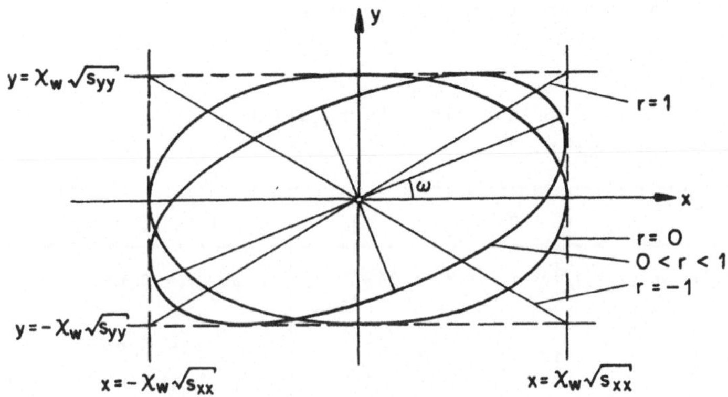

Bild 6.5: Die Korrelation bewirkt eine Drehung ω der Ellipsenaxen gegenüber den Axen x und y. Die Ellipsenextrema sind jedoch unabhängig von der Grösse der Korrelation.

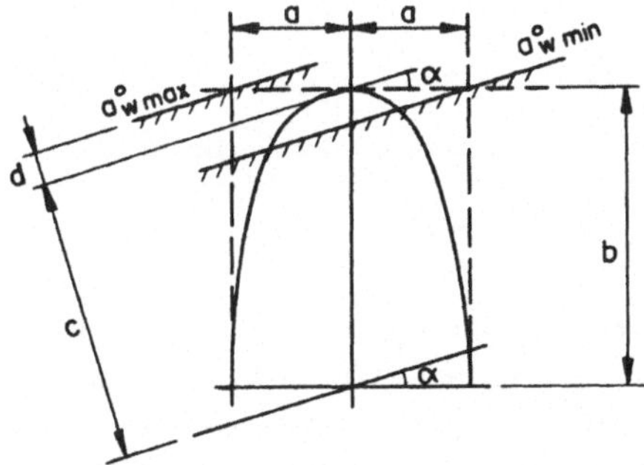

Bild 6.6: Extremlagen der oberen Vertrauensgrenzen bei gleicher Wahrscheinlichkeit, aber unterschiedlicher Korrelation (Korrelationskoeffizient r = ± 1).

In Tabelle 6.3 wurde das Verhältnis $\frac{d}{c}$ für das numerische
Beispiel des Abschnitts 6.4 ausgewertet.

Tabelle 6.3
Grösstmöglicher Einfluss einer Korrelation
(Werte aus Beispiel 6.4)

$p = 0$		$p = 0.60$
$v(\phi(\sigma_p)) = 0.014$	$v(\phi_{Br}) = 0.043$	$v(\phi_{Br}) = 0.053$
$v(m(\sigma_p)) = 0.053$	$v(m_{Br}) = 0.061$	$v(m_{Br}) = 0.091$
tg α = 0.985	tg α = 0.0704	tg α = 0.238
$\frac{d}{c} = \pm \frac{0.014}{0.053} \, 0.985$ $= \pm 0.26$	$\frac{d}{c} = \pm \frac{0.043}{0.061} \, 0.0704$ $= \pm 0.050$	$\frac{d}{c} = \pm \frac{0.053}{0.091} \, 0.238$ $= \pm 0.139$

Der mögliche Einfluss einer Korrelation ist also verhältnismässig gering, besonders wenn man bedenkt, dass die berechneten Extremwerte mit grosser Wahrscheinlichkeit nie erreicht werden.

6.6 Ungewollte Auslenkung der Stützenaxe, ungewollte Lastex-
zentrizität

Ungenauigkeiten bei der Ausführung können - unabhängig von der
Einwirkung äusserer Lasten - zu einer Ausbiegung der Stützenaxe führen. Aus der Annahme, dass die Krümmung ϕ_u aus einer
solchen ungewollten Auslenkung w_u der Stützenaxe über die Stüt-
zenlänge l konstant ist, ergibt sich

$$\phi_u = \pm\, 8\, \frac{w_u}{l^2} \qquad\qquad (6.47)$$

Bei der Festlegung der Grösse w_u sollte vor allem die Ueberwachung der Bauausführung und die verwendete Baumethode berücksichtigt werden.

Der qualitative Einfluss von ϕ_u auf die $m - \phi$ - Beziehung geht aus Bild 6.7 hervor: die $m - \phi$ - Kurve wird um den Betrag $\pm\,\phi_u$ verschoben. Dieser Einfluss kann ebenfalls den, in Abschnitt 6.4 berechneten, Vertrauensgrenzen überlagert werden.

Neben diesen Ungenauigkeiten im Verlauf der Stützenaxe sind auch die Lastexzentrizitäten e mit Abweichungen von der Wirklichkeit behaftet. Diese ungewollten Abweichungen e_u verursachen zusätzliche Momente M_u. Im günstigsten Fall dürfen wir von der Annahme ausgehen, dass die ungewollte Exzentrizität e_u unabhängig von der nominellen Exzentrizität e ist, d.h. $e_u = e_{uo} =$ konstant. In diesem Fall ergibt sich eine vertikale Verschiebung der $m - \phi$ - Kurve um den Betrag

$$m_u = \pm\, p\gamma\, \frac{e_{uo}}{h} \qquad\qquad (6.48)$$

(Bild 6.8, gestrichelte Linien).

Möglicherweise muss jedoch mit zunehmender Exzentrizität e ebenfalls mit einer vergrösserten ungewollten Exzentrizität gerechnet werden.

Bild 6.8 zeigt auch den Einfluss einer mit e linear zunehmenden ungewollten Exzentrizität $e_u = e_{uo} + k_e\, e$. Damit ergibt sich für m_u:

$$m_u = \pm\, p\gamma\, \frac{e}{h}\, \left(\frac{e_{uo}}{e} + k_e\right) \qquad\qquad (6.49)$$

(Bild 6.8, strich-punktierte Linien).
Auch dieser Einfluss kann den Vertrauensgrenzen überlagert werden.

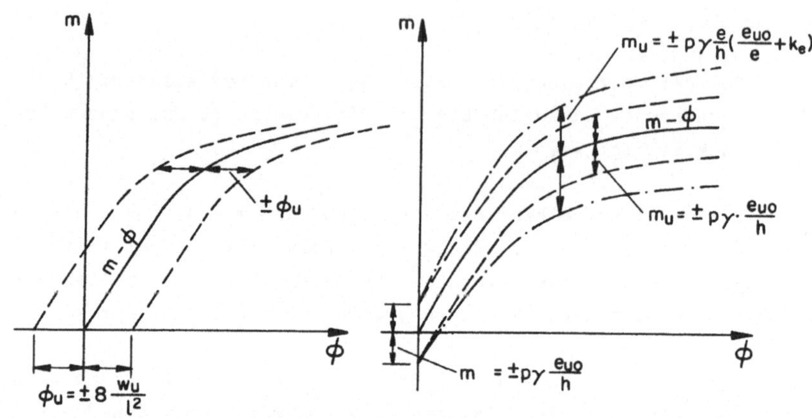

Bild 6.7: Einfluss einer ungewollten Auslenkung w_u der Stabaxe auf die
$m - \phi$ - Grundbeziehung.

Bild 6.8: Einfluss einer ungewollten End-
Exzentrizität $e_u = e_{uo}$, bzw.
$e_u = e_{uo} + k_e \cdot e$ der Druckkraft auf
die $m - \phi$ - Grundbeziehung.

Einzelne Normen (z.B. DIN 1045) enthalten Richtwerte für
die Grösse der ungewollten Exzentrizität. In diesen Richt-
werten sind aber oft auch andere Einflüsse, wie z.B. ungewollte Krümmungen der Stabaxe oder sogar Ungenauigkeiten in
Querschnittsform und Armierungslage eingerechnet [23]. Wegen
ihrer unterschiedlichen Wirkung auf die $m - \phi$ - Beziehung
müssen diese Einflüsse jedoch getrennt untersucht werden.

6.7 Ausblick

Die starke Beeinflussbarkeit der $m - \phi$ - Beziehungen durch
einzelne Parameter und die daraus folgenden grossen Unsicherheiten in den $m - \phi$ - Beziehungen lassen erkennen,
dass das Gauss'sche Fehlerfortpflanzungsgesetz nur eine
Abschätzung des Vertrauensbereichs zulässt.

Eine genauere Berechnung der Vertrauensgrenzen wäre mit
Hilfe der Monte-Carlo-Methode möglich [24]. Dieses Simu-
lationsverfahren erlaubt die Berechnung der Verteilung einer beliebigen Funktion einzelner Parameter, die ebenfalls
beliebig verteilt sein können. Diese Methode erfordert jedoch einen ausserordentlich grossen numerischen Rechenaufwand
und kann nur mit dem Computer durchgeführt werden.

Aus Abschnitt 5 geht hervor, dass der Einfluss der Mitwirkung der Betonzugzone auf die m - ϕ - Beziehung im allgemeinen
nicht sehr gross ist. Vereinfachend kann man also diese Streu-
ungsquelle vernachlässigen. Um die Vertrauensgrenzen der nominellen m - ϕ - Beziehungen zu erhalten, genügt es daher, die
Grenzkurven a_W^o und a_W^u mit den entsprechenden Korrekturen
des Abschnitts 5.1 zu versehen. Bei wiederholten Belastungen
wird der Einfluss der mitwirkenden Zugzone immer kleiner.
In solchen Fällen ist zu empfehlen, den Einfluss der Zugzone
auf die untere Vertrauensgrenze a_W^u zu vernachlässigen. Mit
dieser Näherung befindet man sich auf der sicheren Seite.

Die durchgeführten Untersuchungen bezogen sich ausschliesslich auf Streuungen der m - ϕ - Beziehungen zur Zeit t = 0.
Da auch die Kriechfunktion Schwankungen unterworfen ist,
müsste auch dieser Einfluss noch näher untersucht werden.
Ein wesentliches Ziel wäre in diesem Zusammenhang die Bestimmung der Korrelation zwischen Kurzzeit- und Langzeit-Ver-
formungen. Aufgrund der bisherigen Untersuchungen kann fol-
gender Näherungsvorschlag gemacht werden:
Der Kriecheinfluss bewirkt hauptsächlich eine Streckung der
m - ϕ - Kurve in ϕ - Richtung. In Abschnitt 6.4 wurde gezeigt,
dass der Einfluss der $\Delta\phi$ - Korrekturen auf die m - ϕ - Vertrauensgrenzen sehr gering ist. Der Vertrauensbereich ist
praktisch nur durch die Δm - Korrekturen bestimmt. Näherungsweise darf daher angenommen werden, dass die Korrekturfunk-
tionen (6.32) und (6.33) auch für die zeitabhängigen m - ϕ -
Funktionen gelten.

7. BERECHNUNG VON BIEGELINIEN

7.1 Theoretische Grundlagen

7.1.1 Biegelinien infolge kurzzeitiger Lasteinwirkung

Die Berechnung von Biegelinien aus nominellen M - ϕ - Beziehungen ist ein ausschliesslich theoretisches Problem.
Bei Einzelstützen mit gegebenen statischen oder geometrischen Randbedingungen ist die Biegelinienberechnung noch
verhältnismässig einfach. Für eine konstante Axialkraft P
können Stützenbiegelinien (Column Deflection Curves, CDC-s)
als reine Gleichgewichtskurven berechnet werden (theoretische Grundlagen in [25]).

Bild 7.1 zeigt den Zusammenhang zwischen Biegelinie und
M - ϕ - Kurve.

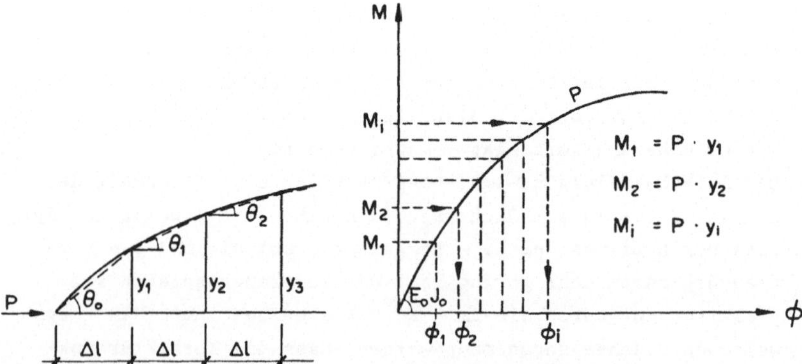

Bild 7.1 : Biegelinienberechnung mit Hilfe der M-ϕ-Beziehungen.

Bei gegebener Axialkraft P und freier Wahl des Stabenddreh-
winkels Θ_o ist eine Gleichgewichtskurve eindeutig bestimmt.
Die Ordinaten y_i können, vom Stabende ausgehend, nach den
folgenden Beziehungen berechnet werden:

$$y_1 = \Delta l \cdot \Theta_o \tag{7.1}$$

$$\Theta_1 = \Theta_o - \Delta l \cdot \phi_1 \tag{7.2}$$

$$y_2 = y_1 + \Delta l \cdot \Theta_1 \tag{7.3}$$

usw.

Für Durchbiegung und Stabneigung im Punkt i ergibt sich:

$$y_i = y_{i-1} + \Delta l \cdot \Theta_{i-1} \tag{7.4}$$

$$\Theta_i = \Theta_{i-1} - \Delta l \cdot \phi_i \tag{7.5}$$

Durch eine schrittweise Veränderung von Θ_o kann eine ganze
Schar von Gleichgewichtskurven berechnet werden (Bild 7.2).
Die Kurven sind symmetrisch; es genügt daher, jeweils einen
Viertel der Wellenlänge zu berechnen.

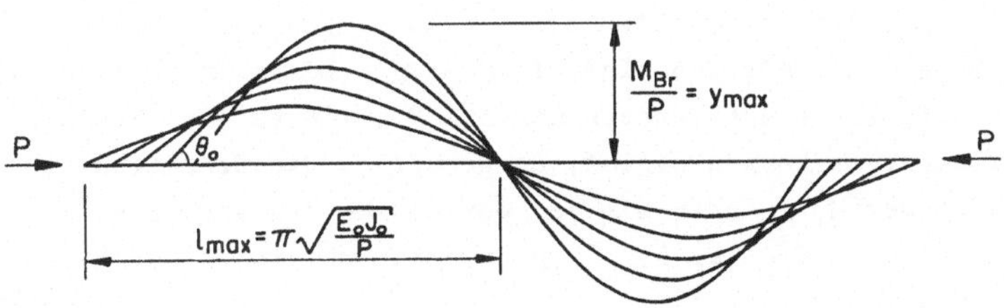

Bild 7.2: Schar von Gleichgewichtskurven, berechnet für P = konst.

Bild 7.3 zeigt, wie aus einer einzigen Gleichgewichtskurve
die Biegelinien von Stützen unter verschiedenen Randbedingungen herausgelesen werden können.

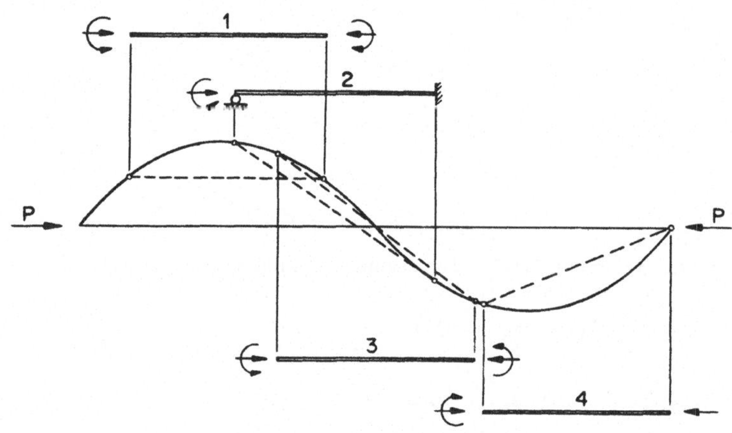

Bild 7.3 : Stützenbiegelinien können als Gleichgewichtskurven-Abschnitte
aufgefasst werden.

Die folgenden Betrachtungen werden ausschliesslich für den
Fall 1 in Bild 7.3 durchgeführt.

Aus den Gleichgewichtskurven geht hervor, dass für eine gegebene Axialkraft im allgemeinen zwei Gleichgewichtslagen
der Biegelinie möglich sind. Im $M - w_m$ - Diagramm in Bild 7.4
wurde die Kurve des inneren Moments M_i, wie es sich aus den
Gleichgewichtskurven ergibt, dargestellt. Die Schnittpunkte
A und B der M_i - Kurve mit der Geraden M_a des äusseren Moments ergeben die zur Last P gehörenden möglichen Durchbiegungen w_{m1} und w_{m2}.

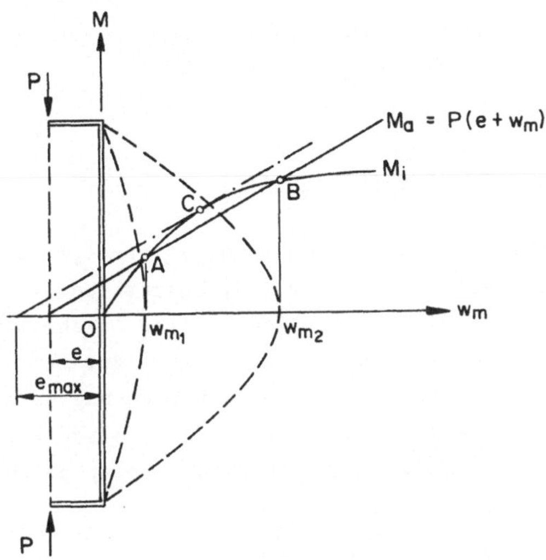

Bild 7.4: Gleichgewichtslagen der exzentrisch gedrückten Stütze.

Die Gleichgewichtslage im Punkt A ist stabil. Bei einer zusätzlichen Auslenkung Δw wächst das innere Moment M_i gegenüber dem äusseren Moment M_a stärker an. Im Punkt B herrscht
ein labiles Gleichgewicht. Bei einer zusätzlichen Auslenkung
wächst das äussere Moment gegenüber dem inneren Moment stärker an. Im Punkt C findet der Uebergang von der stabilen in
die labile Gleichgewichtslage statt.

Im nächsten Abschnitt werden wir auf die Berechnung von Kriechdurchbiegungen eingehen. Da es sich bei Kriechdurchbiegungen
um zeitlich zunehmende Auslenkungen handelt, geht aus Bild 7.4
hervor, dass sich die Punkte A und B mit der Zeit dem Punkt C
nähern. Bei einer bestimmten kritischen Exzentrizität e_{cr} werden die Schnittpunkte A und B für $t \rightarrow t_\infty$ gerade den Tangenten-
punkt C erreichen. Für jede Exzentrizität $e > e_{cr}$ wird C zwischen t_o und t_∞ von A und B erreicht, d.h. die Stütze wird

zu einer bestimmten Zeit $t > t_o$ instabil. Neben den Materialeigenschaften und Querschnittswerten ist e_{cr} stark von der
Grösse der Last P abhängig.

7.1.2 Biegelinien infolge Dauerlast

Die Berechnung der Kriechdurchbiegungen erfolgt in ähnlicher
Weise wie bei der in [16] oder [26] beschriebenen "Rate of
Creep" - Methode. Die Stütze wird in eine Anzahl Segmente
(nominelle Krümmungselemente) unterteilt. Bei Belastungsbeginn (t = 0) kann bereits eine Schwindkrümmung (inkl. einer
Krümmung aus ungewollter Auslenkung der Stützenaxe) vorhanden sein. Diese Anfangskrümmung beträgt beispielsweise für
das Segment i

$$\Delta\phi_s(i,t_o) = \frac{\varepsilon_s(t_o)}{h} \cdot \eta_{\phi s}(i) + \phi_u(i) \qquad (7.6)$$

Mit diesen Anfangskrümmungen kann die im Zeitpunkt der Lastaufbringung vorhandene Biegelinie $w_s(t_o)$ berechnet werden.
Zusammen mit der unmittelbar eintretenden Biegelinie $w_o(t_o)$,
infolge äusserer Belastung, ergibt sich die resultierende
Biegelinie $w(t_o)$

$$w(t_o) = w_o(t_o) + w_s(t_o) \qquad (7.7)$$

$w_o(t_o)$ wird - gemäss Abschnitt 7.1.1 - aus der zur Zeit t = 0
gültigen M - ϕ - Beziehung berechnet.

Zu Beginn des Zeitintervalls (t_o,t_1) beträgt das Moment
(inkl. Einfluss aus ungewollter Exzentrizität) im Segment i:

$$M(i,t_o) = P (e + e_u + w(i,t_o)) \qquad (7.8)$$

Im Zeitintervall (t_o,t_1) wird eine Kriechdruckbiegung $w_k(t_o,t_1)$
und eine weitere Schwinddurchbiegung $w_s(t_o,t_1)$ eintreten. Für

die Berechnung wird angenommen, dass das Moment in jedem Segment im Zeitintervall (t_o,t_1) konstant bleibt. Aus den zur Zeit $t = 0$ und $t = t_1$ gültigen M - ϕ - Beziehungen kann der Kriechkrümmungszuwachs bestimmt werden. Die Kriechkrümmungszunahme für das Segment i beträgt beispielsweise

$$\Delta\phi_k(i,t_1) = \phi(i,t_1) - \phi(i,t_o) \qquad (7.9)$$

Die Schwindkrümmungszunahme beträgt:

$$\Delta\phi_s(i,t_1) = \frac{\varepsilon_s(t_1) - \varepsilon_s(t_o)}{h} \cdot \eta_{\phi s}(i) \qquad (7.10)$$

Mit diesen Krümmungszunahmen kann die Biegelinie am Intervallende berechnet werden:

$$w(t_1) = w(t_o) + w_k(t_o,t_1) + w_s(t_o,t_1) \qquad (7.11)$$

Die im Intervall (t_o,t_1) eingetretenen Kriech- und Schwinddurchbiegungen bewirken eine Zunahme des äusseren Moments und damit eine zusätzliche Durchbiegung. Für die numerische Berechnung wird angenommen, dass dieser Momentenzuwachs am Intervallende erfolgt, was zu einer Vergrösserung des Anteils der Kurzzeitdurchbiegung um $w_o(t_1)$ führt.

Zu Beginn des folgenden Zeitintervalls (t_1,t_2) beträgt somit das Moment im Segment i:

$$M(i,t_1) = P \; (e + e_u + w(i,t_1) + w_o(i,t_1)) \qquad (7.12)$$

Unter diesem Moment wird nun der Kriechkrümmungszuwachs $\Delta\phi_k(i,t_2)$ im Intervall (t_1,t_2) berechnet. Um die endgültige Biegelinie $w(t_\infty)$ zu erhalten, muss dieses Vorgehen für sämtliche Zeitintervalle wiederholt werden.

Bei linearem Zusammenhang zwischen Moment und Krümmung konvergiert dieses Verfahren mit zunehmender Anzahl Zeitinter-

valle gegen die Lösung der - auf dem Ansatz von Dischinger
beruhenden - Differentialgleichung der zeitabhängigen Biegelinie. Nach dem oben beschriebenen Vorgehen ist der Kriechkrümmungszuwachs im Intervall (t_i, t_{i+1}) nur vom Moment $M(t_i)$
und von den, aus konstanten Momenten ermittelten $M - \phi(t_i)$ -
und $M - \phi(t_{i+1})$ - Beziehungen abhängig. Die Momente $M(t < t_i)$
werden also - wie in der Theorie von Dischinger - für die
Berechnung von $\Delta\phi_k(t_i)$ nicht berücksichtigt. In Wirklichkeit wird jedoch die "Vorgeschichte" des Moments $M(t_i)$ auf
den folgenden Kriechkrümmungszuwachs einen gewissen Einfluss
ausüben. Wie in [27] festgestellt wird, ist dieser Fehler
der "Rate of Creep" - Methode unbedeutend, wenn die Spannungen nicht ausgesprochen stark zeitabhängig sind. Bei den
meisten Kriechproblemen sind die Spannungen jedoch nur schwach
zeitabhängig. Experimentelle Untersuchungen dieses Phänomens
fehlen noch weitgehend. Es dürfte auch schwierig sein, den
Einfluss der "Vorgeschichte" statistisch gesichert von den
starken Streuungen im Kriechmass zu trennen.

Für die numerische Berechnung wurden fünf Zeitintervalle
(0. - 1. Tag, 1. - 7. Tag, 7. - 28. Tag, 28. - 112. Tag,
112. - ∞) verwendet. Eine Untersuchung der Konvergenz der
"Rate of Creep" - Methode [16] ergab schon für drei und vier
Zeitintervalle gute Genauigkeiten.

7.1.3 Vertrauensbereiche für Biegelinien

Die Vertrauensgrenzen der Biegelinien können direkt aus den
Vertrauensgrenzen der $M - \phi$ - Beziehungen berechnet werden.
Der Biegelinienbereich besitzt dann dieselbe Vertrauenswahr-
scheinlichkeit wie der zugrunde liegende $M - \phi$ - Bereich.
Wenn sich die Kurzzeitdurchbiegung im Bereich 0 - C der M_i -
Kurve (Bild 7.4) befindet (stabile Gleichgewichtslage), kom-
men für den Vertrauensbereich der Langzeitdurchbiegungen die
in Bild 7.5 dargestellten Möglichkeiten in Betracht.

Bild 7.5a zeigt einen völlig stabilen Vertrauensbereich. Da eine Instabilität nur unter der Bedingung $w_m > w_{m0.05}^o$ eintreten kann, ist die Wahrscheinlichkeit einer dauernden Stabilität grösser als 0.975.

Bild 7.5b zeigt einen gemischten Vertrauensbereich. Während der untere Teil des Vertrauensbereiches ($w_m < \bar{w}_m$) noch völlig stabil bleibt, zeigt der obere Teil ($w_m > \bar{w}_m$) bereits ein gemischtes Verhalten. Bis zur Zeit t_3 wird die Stütze mit einer Wahrscheinlichkeit von mehr als 0.975 stabil bleiben. Nach der Zeit t_3 nimmt die Versagenswahrscheinlichkeit stark zu. Obwohl die Wahrscheinlichkeit einer Instabilität im Bereich $t > t_3$ kleiner als 0.5 bleibt ($\bar{w}_m$ bleibt stabil), ist die Gefährdung der Stütze durch die zunehmende Versagenswahrscheinlichkeit beträchtlich. Unter einer etwas höheren Last kann auch $\bar{w}_m$ instabil werden; damit wird der obere Teil des Vertrauensbereiches vollständig instabil, der untere Teil wird ein gemischtes Stabilitätsverhalten zeigen.

Bild 7.5c zeigt einen labilen Vertrauensbereich. Bis t_1 ist die Wahrscheinlichkeit einer Instabilität noch gering. Für $t > t_1$ wird die Versagenswahrscheinlichkeit jedoch stark zunehmen. Im Zeitintervall $t_1 < t < t_3$ ist eine Instabilität mit einer Wahrscheinlichkeit von mehr als 0.975 zu erwarten.

Bild 7.5d zeigt ebenfalls einen labilen Vertrauensbereich. Hier kann die Instabilität schon nach wenigen Sekunden eintreten. Mit einer Wahrscheinlichkeit von über 0.975 wird die Stütze vor der Zeit t_3 durch Instabilität zerstört.

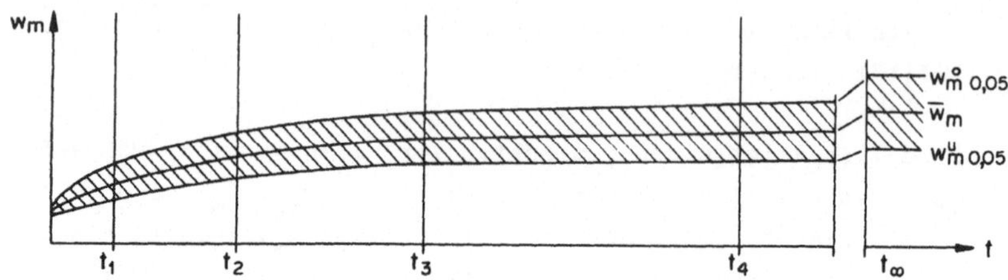

Bild 7.5a: Stabiler Vertrauensbereich der Langzeitdurchbiegungen.

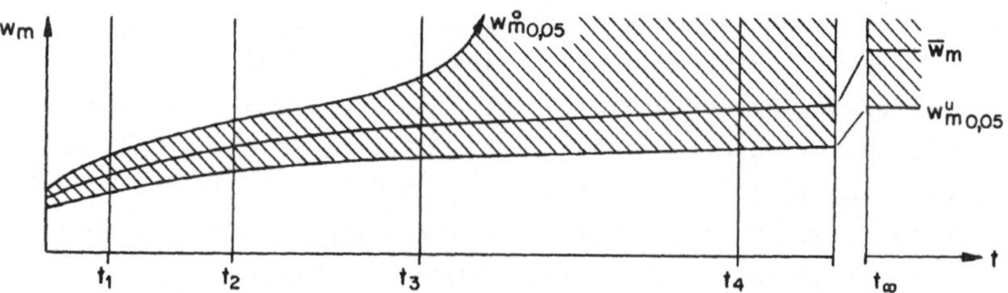

Bild 7.5b: Gemischter Vertrauensbereich der Langzeitdurchbiegungen. Stabiler Vertrauensbereich für $t < t_3$; für $t > t_3$ nimmt die Wahrscheinlichkeit einer Instabilität stark zu.

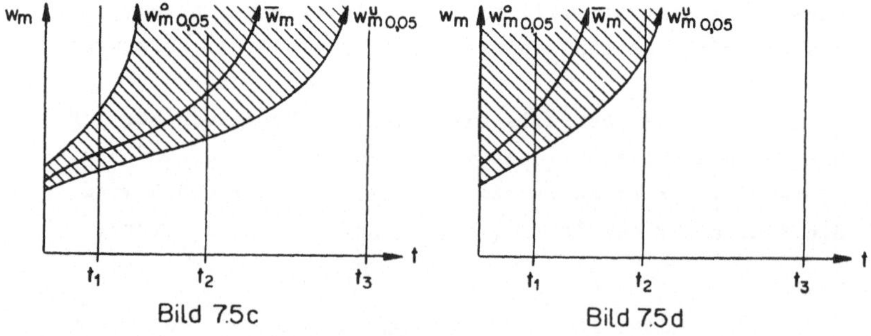

Bild 7.5c   Bild 7.5d

Labiler Vertrauensbereich der Langzeitdurchbiegungen. Eine Instabilität wird mit grosser Wahrscheinlichkeit im Zeitintervall $t_1 < t < t_3$ (Bild 7.5c), bzw. im Zeitintervall $0 < t < t_3$ (Bild 7.5d) eintreten.

7.2 Gemessene und theoretische Biegelinien

7.2.1 Kurzzeitversuche

Für die in Abschnitt 5.2 beschriebenen vier Kurzzeitversuche wurde eine Nachrechnung der Biegelinien vorgenommen.
Nach den Ergebnissen des Abschnitts 5.2 ist zu erwarten,
dass die - nach Abschnitt 7.1.1 - berechneten Kurzzeitdurch-
biegungen (ausgezogene Linien) gegenüber den gemessenen
Durchbiegungen (gestrichelte Linien) allgemein zu kleine Werte ergeben, da kein Anfangskriechen berücksichtigt wird. Die
Bilder 7.6a, 7.7a, 7.8a und 7.9a bestätigen diese Erwartung.
Ebenfalls nach Abschnitt 5.2 muss bei einer Berücksichtigung
des Anfangskriechens mit einer Ueberschätzung der Durchbiegungen gerechnet werden, da das Anfangskriechen in diesen Versuchen nicht ganz zum Abschluss gekommen ist. Auch diese Erwartung wird durch die Bilder 7.6b, 7.7b, 7.8b und 7.9b bestätigt.

Ein Zusammenfassen der beiden Vertrauensbereiche (mit/ohne
Anfangskriechen) zu einem einzigen Bereich zeigt, dass alle
Versuchsmessungen in diesem Bereich liegen.

Aus der Berechnung ergeben sich für die Reduktion der Traglast, infolge des Anfangskriechens, folgende Werte:

$\frac{e}{d}$	Reduktion von P_{max} in %
0.0333	16.7 %
0.10	19.6 %
0.25	8.1 %
1.0	6.3 %

Der Kriecheinfluss erreicht bei $\frac{e}{d}$ = 0.10 ein Maximum.

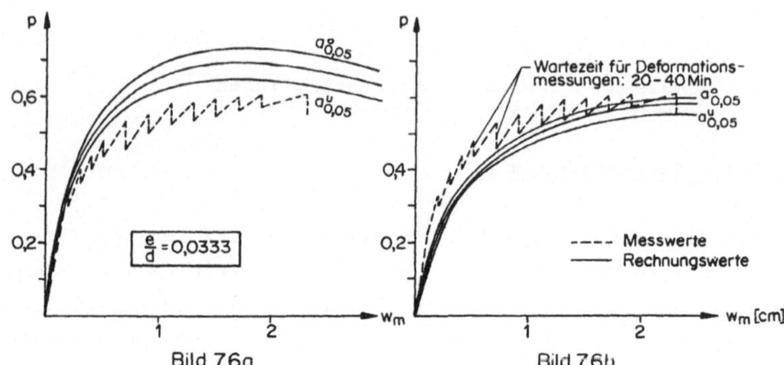

Stütze Nr. 41: Gemessene und theoretische Durchbiegungen in Stützenmitte. Rechnungswerte ohne Kriecheinfluss (Bild 7.6a) und nach abgeschlossenem Anfangskriechen (Bild 7.6b), d.h. nach ca einem Tag Dauerlast.

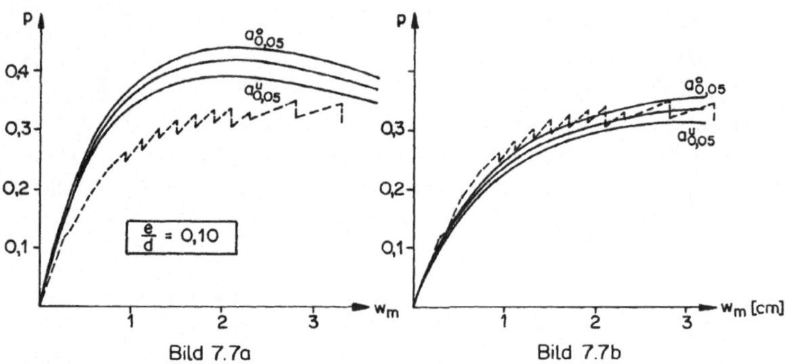

Stütze Nr. 53: Gemessene und theoretische Durchbiegungen in Stützenmitte. Rechnungswerte ohne Kriecheinfluss (Bild 7.7a) und nach abgeschlossenem Anfangskriechen (Bild 7.7b).

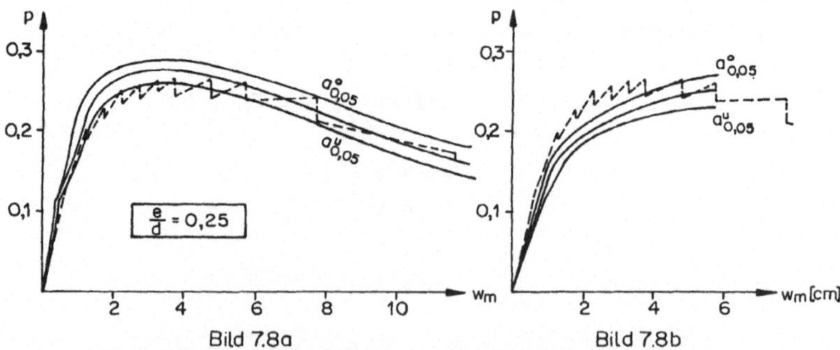

Stütze Nr. 24: Gemessene und theoretische Durchbiegungen in Stützenmitte. Rechnungswerte ohne Kriecheinfluss (Bild 7.8a) und nach abgeschlossenem Anfangskriechen (Bild 7.8b).

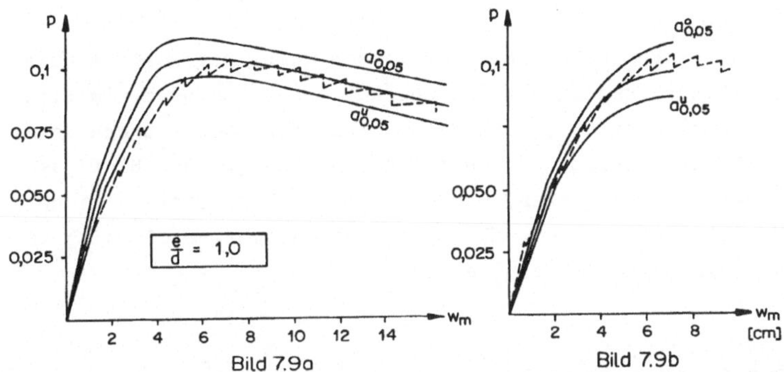

Bild 7.9a   Bild 7.9b

Stütze Nr. 31: Gemessene und theoretische Durchbiegungen in Stützenmitte. Rechnungswerte ohne Kriecheinfluss (Bild 7.9a) und nach abgeschlossenem Anfangskriechen (Bild 7.9b).

Bemerkenswert ist ebenfalls die Tatsache, dass das Kriechen bei grosser Exzentrizität eine Vergrösserung, und bei kleiner Exzentrizität eine Verkleinerung des Vertrauensbereichs von P_{max} bewirkt:

$\dfrac{e}{d}$	Vergrösserung bzw. Verkleinerung des Vertrauensbereichs von P_{max} in %
0.0333	− 49.3 %
0.10	− 23.6 %
0.25	+ 34.6 %
1.0	+ 37.8 %

Es wurde mit folgenden Variationskoeffizienten gerechnet:

$$v(\bar{b}) = 0 \qquad v(\bar{\mu}) = v(\bar{\mu}') = 4\,\%$$

$$v(\bar{h}) = 2\,\% \qquad v(\bar{\beta}_z) = v(\bar{\sigma}_p) = 6\,\% \qquad v(\bar{E}_e) = 3\,\%$$

$$s(\bar{\beta}_{w28}) = 7.7\ \text{kg/cm}^2 \rightarrow v(\bar{\beta},\bar{E}_b) = 3.8\,\%\ \text{für}\ \frac{e}{d} = 1.0$$

$$3.2\,\%\ \text{für}\ \frac{e}{d} = 0.25$$

$$2.2\,\%\ \text{für}\ \frac{e}{d} = 0.10$$

$$3.4\,\%\ \text{für}\ \frac{e}{d} = 0.0333$$

In allen Versuchen waren praktisch keine ungewollten Exzentrizitäten und auch keine ungewollten Krümmungen, im Sinn von Abschnitt 6.6, vorhanden. Diese Einflüsse wurden daher nicht berücksichtigt. Obwohl die Streuungen der Einflussparameter eher gering waren, sind zum Teil beträchtliche Unsicherheiten - sowohl in den Durchbiegungen als auch in der Traglast - festzustellen.

7.2.2 Langzeitversuche

Die Leistungsfähigkeit der vorgeschlagenen Rechenmethoden wurde ebenfalls anhand der Langzeit-Stützenversuche [7] überprüft. Die Auswertung wurde für 24 Langzeitversuche vorgenommen. Die Bilder 7.10 bis 7.16 enthalten die gemessenen Durchbiegungen in Stützenmitte in Funktion der Zeit (gestrichelte Linien). Die äussere Last wurde während der gesamten Versuchszeit konstant gehalten. Die theoretischen Durchbiegungen und die Grenzen des zugehörenden Vertrauensbereichs (ausgezogene Linien) wurden zu sechs verschiedenen Zeiten berechnet (Belastungsbeginn, 1., 7., 28., 112. Tag, t_∞). Da in allen untersuchten Fällen eine starke Druckarmierung ($\mu' = \mu$) vorhanden war, wurde der Einfluss der Schwindkrümmung - nach Abschnitt 4.5 - unbedeutend.

In der Tabelle 7.1 sind die wichtigsten Versuchsparameter aufgeführt. Die übrigen Parameter sind konstant (wie bei den Kurzzeitversuchen). Die Variationskoeffizienten, bzw. die Standardabweichung $s(\bar{\beta}_{w28})$ werden aus Abschnitt 7.2.1 übernommen.

In nahezu allen Fällen liegen die Messergebnisse im theoretischen Vertrauensbereich. Die hier entwickelten Rechenverfahren erlauben eine zuverlässige Erfassung der möglichen Stützendurchbiegungen. Instabilitäten infolge des Kriechens können mit grosser Sicherheit vorausbestimmt werden.

Tabelle 7.1   Versuchsparameter der Langzeitversuche

Nr. nach [7]	$,\dfrac{e}{d}$	$\mu = \mu'$ %	d cm	h' cm	λ	β $\dfrac{kg}{cm^2}$	$p = \dfrac{P}{\beta b d}$	t_o **)	Bild
51*	0.0333	1.0 %	15	2.5	100	356	0.328	28	7.10
54						302	0.389	16	
62						304 $\Big\langle\genfrac{}{}{0pt}{}{0.383}{0.435}$		56	
43						238	0.487	28	
42						217	0.511	33	
44						205	0.567	23	
11*	0.10	1.0 %	15	2.5	100	239	0.169	28	7.11
12*						262	0.238		
21*						230	0.308		
13						252	0.330		
15						275	0.339		
16						208	0.422		
52*	0.25	1.0 %	15	2.5	100	356	0.141	28	7.12
23*						248	0.151		
22						249	0.202		
25*						206	0.210		
33*	1.0	1.0 %	15	2.5	100	236 $\Big\langle\genfrac{}{}{0pt}{}{0.0721}{0.0826}$		28	7.13
32*						224	0.0832		
74*	0.0333	1.0 %	15	2.5	50	268	0.647	28	7.14
82*	0.05	1.03 %	10	1.7	150	293	0.140	28	7.15
71						268	0.209		
65						233	0.274		
72	0.375	1.03 %	10	1.7	150	268	0.0925	28	7.16
66						233	0.115		

* Bruch durch abschliessenden Kurzzeitversuch herbeigeführt

**) Belastungsalter in Tagen

Den Ansätzen für die Kriechberechnung lag ein Belastungsalter von 28 Tagen zugrunde. Wie die Versuche Nr. 54 und
Nr. 62 zeigen, kann sich das Belastungsalter wesentlich auf
die Durchbiegungen auswirken. Die Stütze Nr. 54 wurde schon
nach 16 Tagen belastet; die gemessenen Durchbiegungen liegen höher als die obere Vertrauensgrenze. Die Stütze Nr. 62
wurde erst nach 56 Tagen belastet; die gemessenen Durchbiegungen liegen tiefer als die untere Vertrauensgrenze. Diese
Beobachtungen bestätigen den wesentlichen Einfluss des Belastungsalters auf die Durchbiegungen.

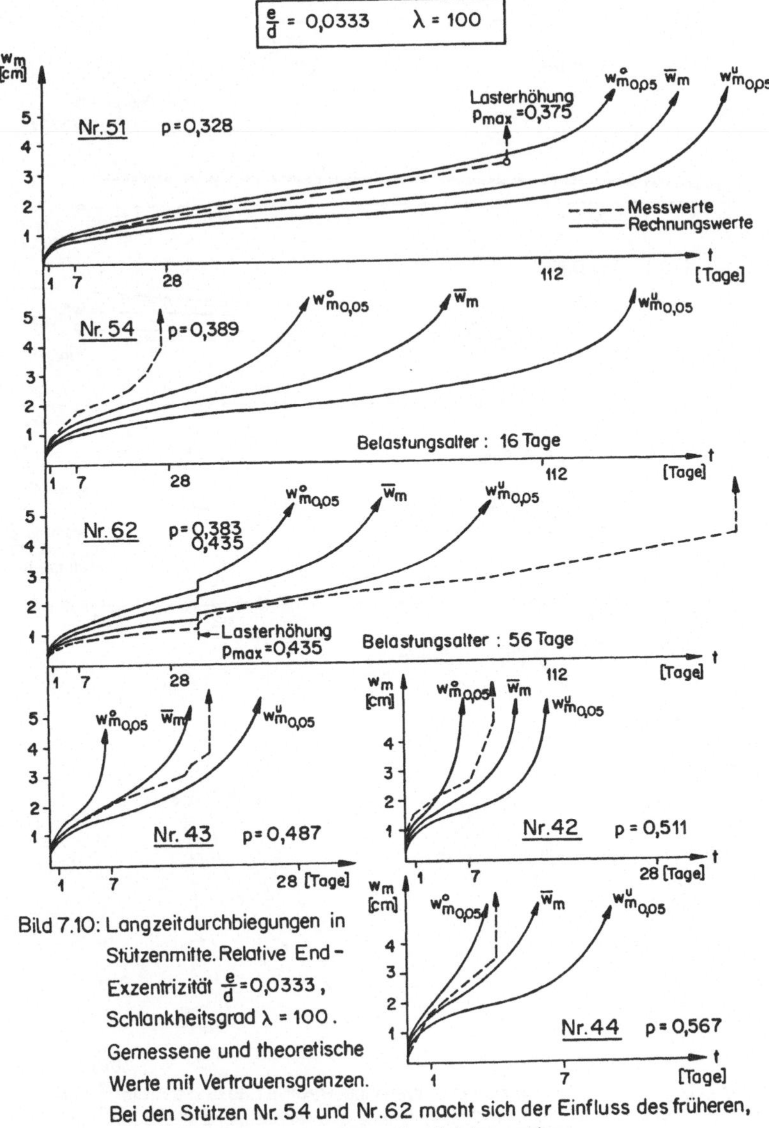

Bild 7.10: Langzeitdurchbiegungen in Stützenmitte. Relative End-Exzentrizität $\frac{e}{d}$=0,0333, Schlankheitsgrad λ = 100. Gemessene und theoretische Werte mit Vertrauensgrenzen. Bei den Stützen Nr. 54 und Nr. 62 macht sich der Einfluss des früheren, bzw. späteren Belastungsalters deutlich bemerkbar.

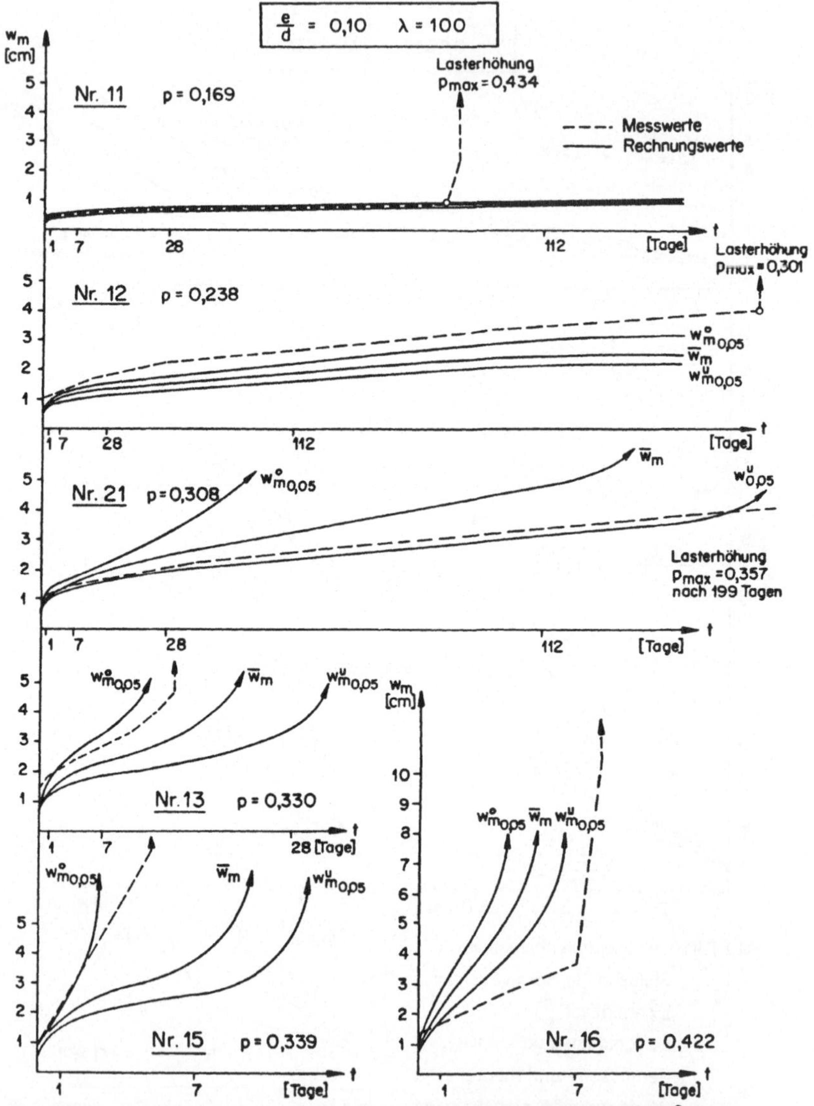

Bild 7.11 : Langzeitdurchbiegungen in Stützenmitte. Relative End-Exzentrizität $\frac{e}{d}$=0,10, Schlankheitsgrad λ = 100. Gemessene und theoretische Werte mit Vertrauensgrenzen.

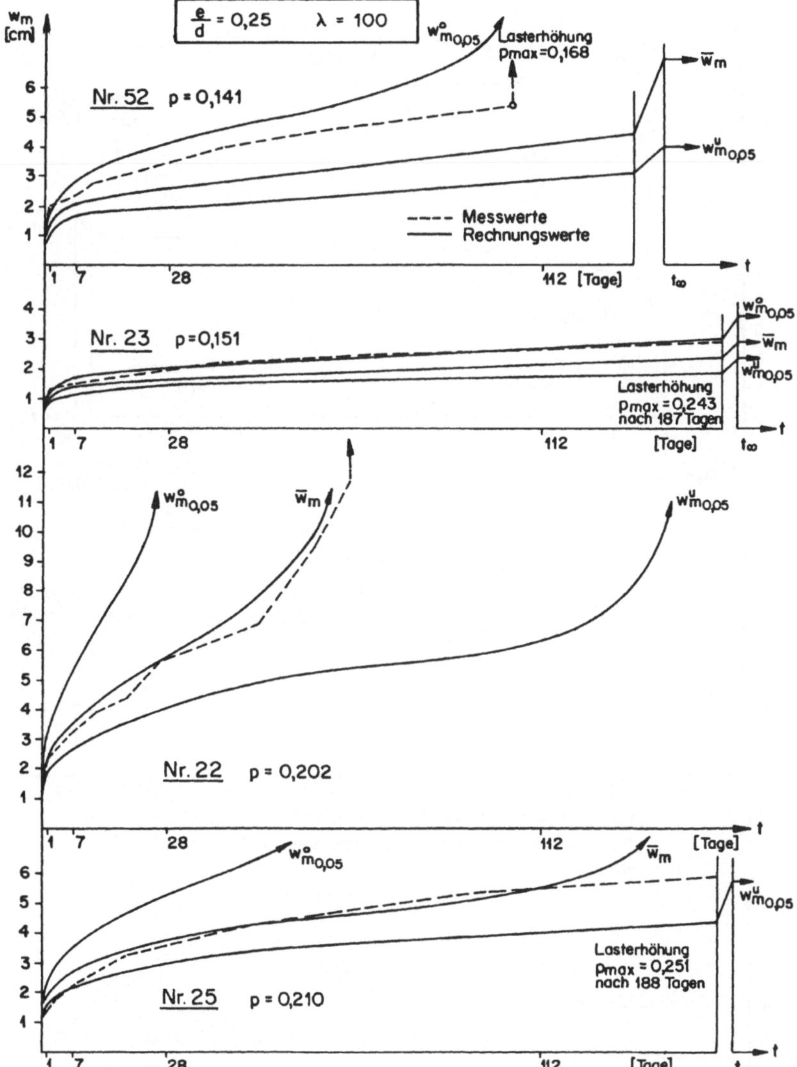

Bild 7.12 : Langzeitdurchbiegungen in Stützenmitte. Relative End-Exzentrizität $\frac{e}{d}$=0,25, Schlankheitsgrad λ = 100. Gemessene und theoretische Werte mit Vertrauensgrenzen.

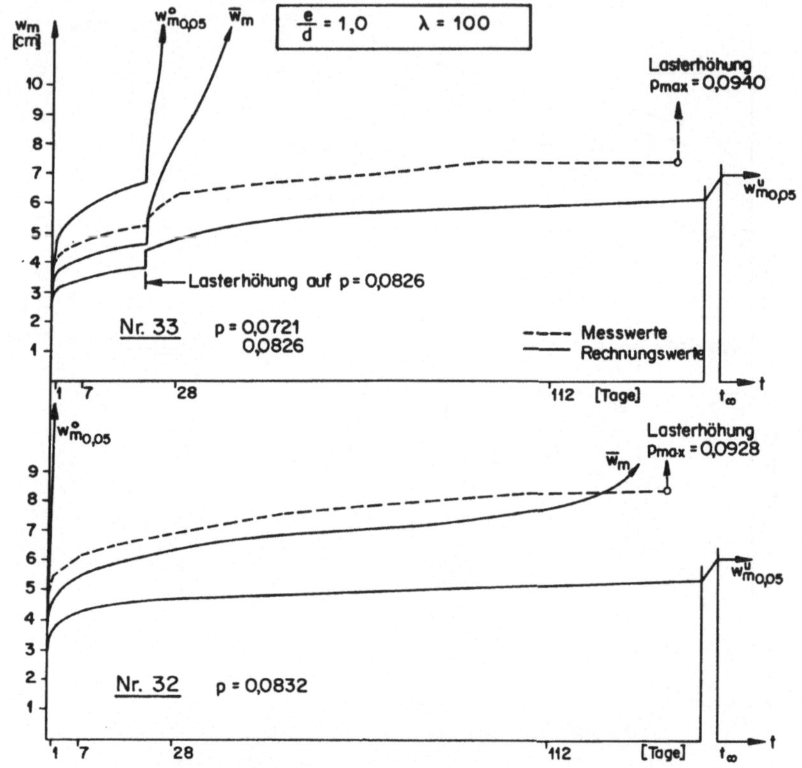

Bild 7.13 : Langzeitdurchbiegungen in Stützenmitte. Relative End-Exzentrizität $\frac{e}{d}$ = 1,0 , Schlankheitsgrad λ =100. Gemessene und theoretische Werte mit Vertrauensgrenzen.

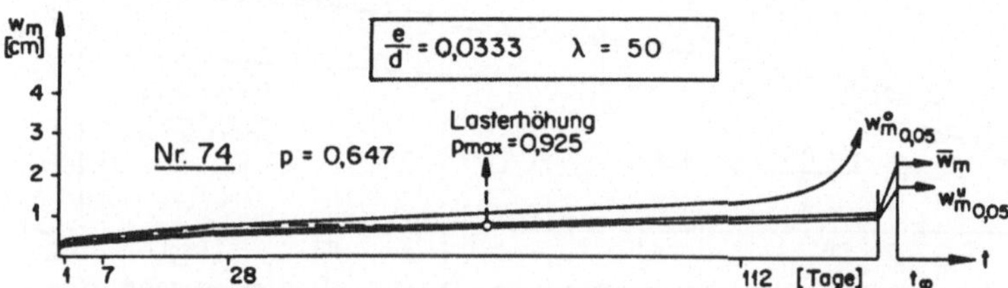

Bild 7.14 : Langzeitdurchbiegungen in Stützenmitte. Relative End-Exzentrizität $\frac{e}{d}$ =0,0333, Schlankheitsgrad λ = 50. Gemessene und theoretische Werte mit Vertrauensgrenzen.

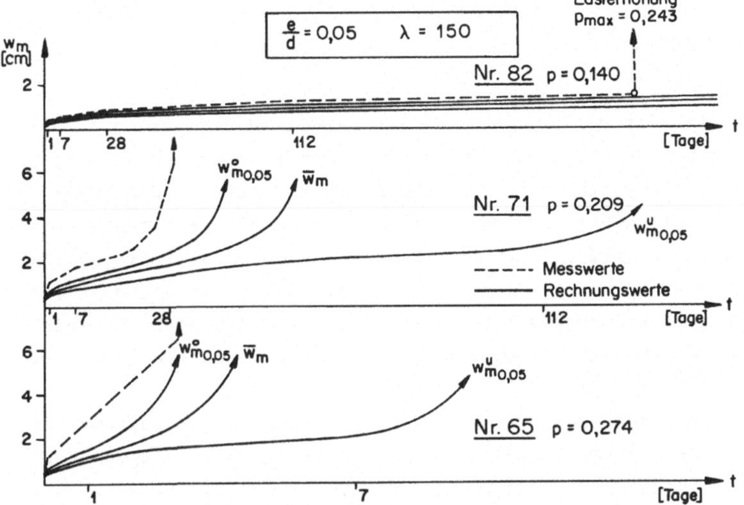

Bild 7.15: Langzeitdurchbiegungen in Stützenmitte. Relative End-Exzentrizität $\frac{e}{d}$ = 0,05, Schlankheitsgrad λ =150. Gemessene und theoretische Werte mit Vertrauensgrenzen.

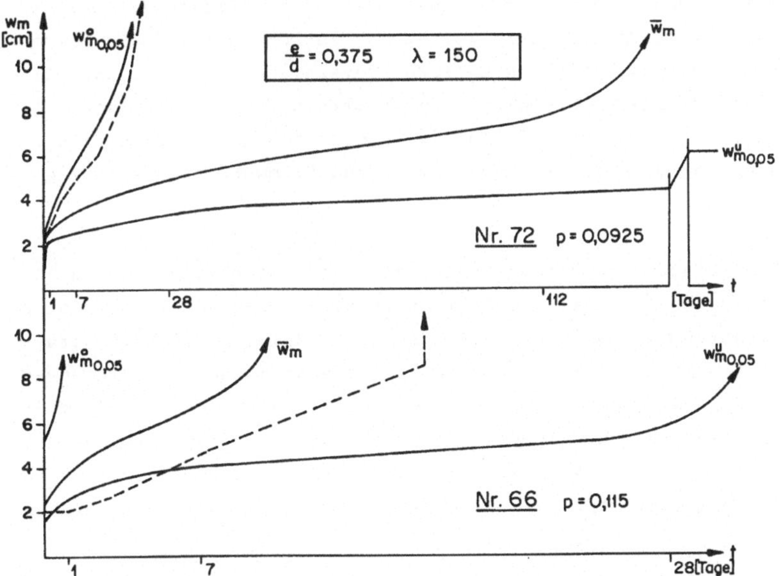

Bild 7.16: Langzeitdurchbiegungen in Stützenmitte. Relative End-Exzentrizität $\frac{e}{d}$ = 0,375, Schlankheitsgrad λ = 150. Gemessene und theoretische Werte mit Vertrauensgrenzen.

ZUSAMMENFASSUNG

Das Ziel der vorliegenden Arbeit ist die Formulierung mathematischer Ansätze, mit denen eine zuverlässige Verformungsprognose für Stahlbetonstützen bis zum Erreichen der Traglast möglich ist. Als zentrale Beziehung für Verformungsberechnungen wird der Zusammenhang zwischen Axialkraft, Moment und Krümmung untersucht. Versuchsergebnisse zeigen, dass die nominelle Krümmung für die Berechnung von Stützenbiegelinien im ungerissenen wie auch im gerissenen Zustand geeignet ist.

Die Berechnung der Momenten-Krümmungsbeziehungen für konstante Werte der Axialkraft erfolgt mit nichtlinearen Spannungs-Dehnungsfunktionen für Beton und Stahl. Für das Kriechen des Betons wird eine spannungsabhängige Kriechfunktion formuliert, die für alle Belastungsgrade eine wirklichkeitsnahe Erfassung der Kriechverformungen erlaubt. Um den zeitlichen Verlauf der Kriechverformungen berücksichtigen zu können, wird die Momenten-Krümmungsbeziehung zu sechs verschiedenen Zeiten nach Belastungsbeginn berechnet. Die Mitwirkung der Betonzugzone im gerissenen Zustand kann durch eine einfache Korrektur der Grundbeziehungen zwischen Moment und Krümmung berücksichtigt werden.

Eine eindeutige Verformungsprognose für Stahlbetonstützen ist wegen den zum Teil beträchtlichen Streuungen der Materialeigenschaften und Querschnittswerte nicht möglich. Mit Hilfe statistischer und wahrscheinlichkeitstheoretischer Betrachtungen gelingt es jedoch, aus den Grundverteilungen der Mittelwerte der einzelnen Einflussparameter auf die Vertrauensgrenzen der Momenten-Krümmungsbeziehungen zu schliessen. Der entsprechende Biegelinienvertrauensbereich kann direkt aus diesen Vertrauensgrenzen berechnet werden.

Da sowohl die Momenten-Krümmungsbeziehungen als auch die Biege-

linien iterativ berechnet werden müssen, ist der numerische
Rechenaufwand gross. Bei Berücksichtigung des Kriecheinflusses muss die Iteration der Biegelinienberechnung sogar von
Kriechstufe zu Kriechstufe wiederholt werden. Für eine praktische Anwendung kommen daher, neben Tafelwerken mit Gleichgewichtskurven, nur Computerprogramme in Betracht. Alle in
dieser Arbeit enthaltenen numerischen Ergebnisse wurden auf
dem Computer des RZETH (CDC 1604-A) berechnet. Der Vergleich
zwischen den gemessenen Biegelinien aus Kurz- und Langzeitversuchen und den theoretischen Biegelinienvertrauensberei-
chen bestätigt sowohl die Zuverlässigkeit der vorgeschlagenen
Berechnungsverfahren als auch die Zuverlässigkeit der statistischen Betrachtungsweise.

SUMMARY

The aim of this thesis is to develop computation methods
which allow a reliable prediction of deformations of reinforced concrete columns up to ultimate load. As a basis of
a deformation computation method the relationship between
the axial force, moment and curvature is investigated. Test
results show that the nominal curvature is appropriate for
the evaluation of column-deflections in the cracked as well
as in the non-cracked state.

The computation of the moment-curvature relationship for
constant values of the axial force is carried out with non-
linear stress-strain functions for steel and concrete. A
stress dependent creep function is formulated which allows
an accurate approach to the actual behavior of the concrete.
In order to obtain the time dependent creep strains of a
member, the moment-curvature relationships are computed at
different times. The contribution of the concrete tensile
zone in the cracked state can be included by a simple im-
provement of the fundamental moment-curvature relationships.

The variances of the material properties and cross-sectional
properties are in part considerable; therefore a close fitting
prediction of deformations for reinforced concrete columns
is not feasible. A statistical analysis of the mean-distri-
butions of the different parameters permits the evaluation
of the confidence limits of the moment-curvature relationship. The application of these confidence limits leads
directly to the corresponding confidence limits of the
column-deflection-curve.

The moment-curvature relationships as well as the column de-
flections have to be computed by a trial and error procedure;
the numerical effort is therefore considerable. If the creep
behavior is taken into account, the trial and error procedure

has even to be repeated from creep stage to creep stage.
For any practical application, therefore, computer programs
or tables and graphs of column-deflection-curves are a ne-
cessity. All numerical results reported in this paper have
been calculated on a CDC 1604-A computer at the RZETH. A
comparison between measured short-time and long-time de-
flections with the theoretical confidence limits of the
column-deflection-curves confirms the reliability of the
proposed computation methods as well as the accuracy of the
statistical conception.

ANHANG A

Graphische Darstellung der Grundbeziehungen zwischen Axialkraft, Moment, Krümmung und Betonrandstauchung. Die in den
Bildern A1 bis A9 wiedergegebenen Funktionen stellen einen
Teil der, für die Biegelinienberechnung von Abschnitt 7,
benötigten Momenten-Krümmungsbeziehungen dar.

$P - M - \phi - \varepsilon_{bo}$ ohne Kriecheinfluss, $\beta = 200$ kg/cm^2 : Bild A1

$P - M - \phi - \varepsilon_{bo}$ ohne Kriecheinfluss, $\beta = 300$ kg/cm^2 : Bild A2

$P - M - \phi - \varepsilon_{bo}$ ohne Kriecheinfluss, $\beta = 400$ kg/cm^2 : Bild A3

$P - M - \phi - \varepsilon_{bo}$ nach Abschluss des verstärkten
Anfangskriechens, $\beta = 200$ kg/cm^2 : Bild A4

$P - M - \phi - \varepsilon_{bo}$ nach Abschluss des verstärkten
Anfangskriechens, $\beta = 300$ kg/cm^2 : Bild A5

$P - M - \phi - \varepsilon_{bo}$ nach Abschluss des verstärkten
Anfangskriechens, $\beta = 400$ kg/cm^2 : Bild A6

$P - M - \phi - \varepsilon_{bo}$ nach Abschluss des
Kriechens, $\beta = 200$ kg/cm^2 : Bild A7

$P - M - \phi - \varepsilon_{bo}$ nach Abschluss des
Kriechens, $\beta = 300$ kg/cm^2 : Bild A8

$P - M - \phi - \varepsilon_{bo}$ nach Abschluss des
Kriechens, $\beta = 400$ kg/cm^2 : Bild A9

Konstante Parameter

Querschnittswerte	Materialeigenschaften	
	Beton	Stahl
Bezeichnungen nach Bild 4.1	$\sigma_b - \varepsilon_b$ nach Bild 3.7	$\sigma_e - \varepsilon_e$ nach Bild 3.8
$\mu = \dfrac{F_e}{bh} = 0.01$		$\|\beta_z\| = 5500$ kg/cm^2
$\mu' = \dfrac{F'_e}{bh} = 0.01$	$\beta = \begin{matrix} 200 \\ 300 \\ 400 \end{matrix}$ kg/cm^2	$\|\sigma_{0.2}\| = 4600$ kg/cm^2
$\gamma = \dfrac{d}{h} = 1.2$		$\|\sigma_p\| = 2660$ kg/cm^2
$\delta = \dfrac{h'}{h} = 0.2$		$E_e = 2.1 \cdot 10^6$ kg/cm^2

Bild A1: M-ϕ-$\epsilon_{b\bar{o}}$-Grundbeziehungen, $\beta = 200\,\mathrm{kg/cm^2}$, ohne Kriecheinfluss, konstante Parameter gemäss Tabelle Seite 162.

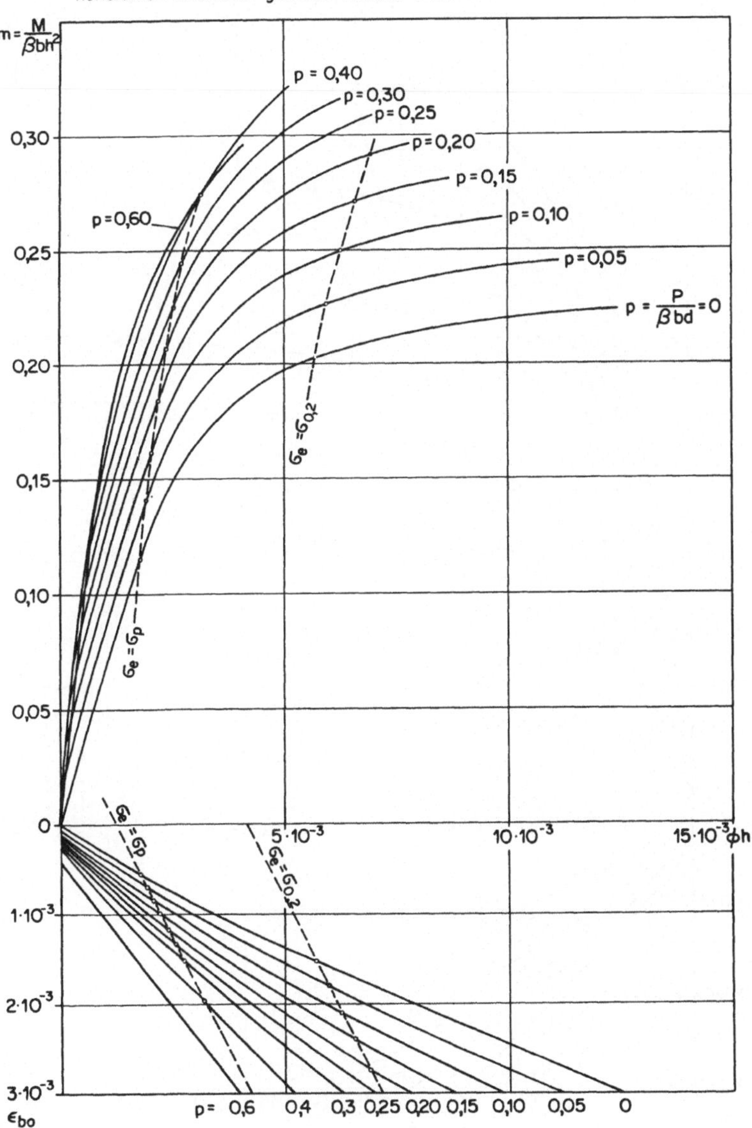

Bild A2: $M-\phi-\epsilon_{bo}$- Grundbeziehungen, $\beta = 300\,\text{kg/cm}^2$, ohne Kriecheinfluss, konstante Parameter gemäss Tabelle Seite 162.

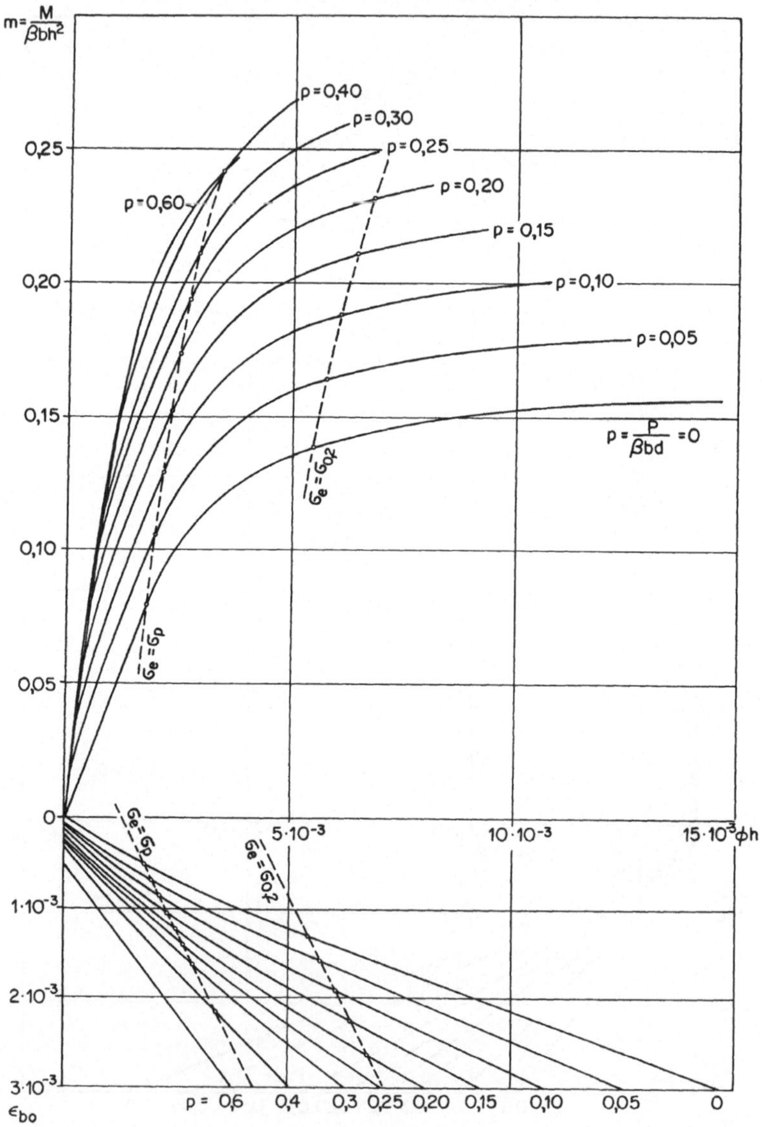

Bild A3: M-ϕ-ϵ_{bo}- Grundbeziehungen, β = 400 kg/cm², ohne Kriecheinfluss, konstante Parameter gemäss Tabelle Seite 162 .

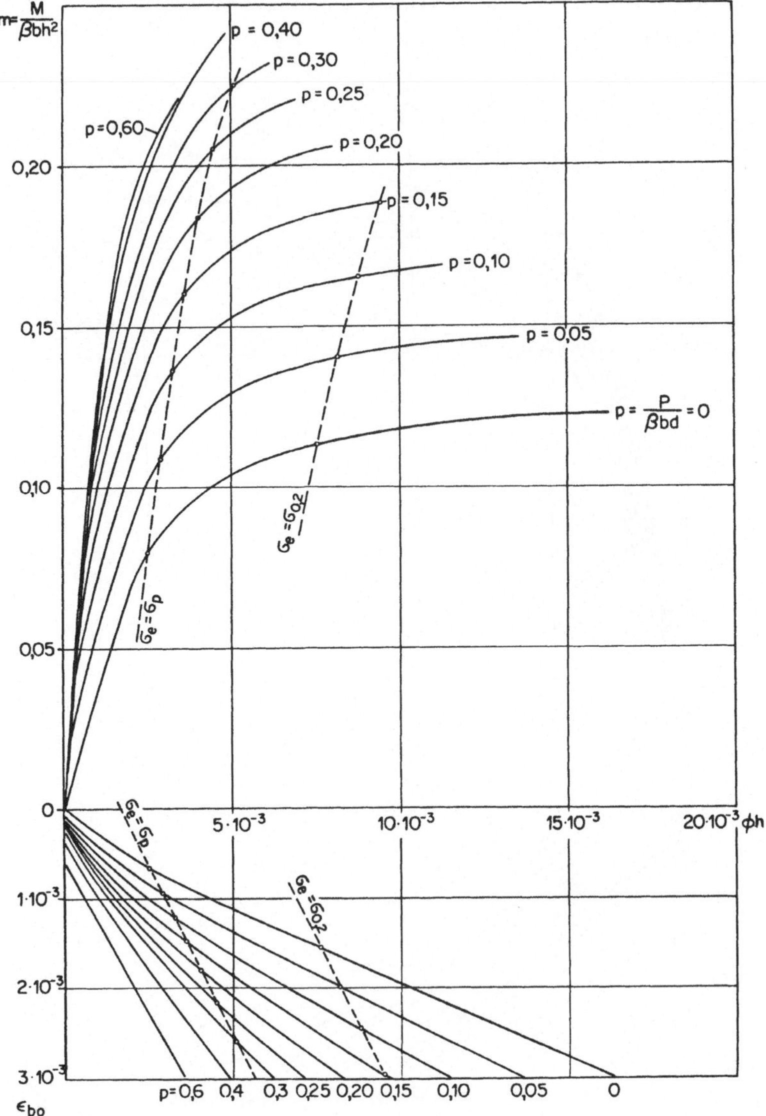

Bild A4: M-ϕ-ϵ_{bo}-Grundbeziehungen, $\beta = 200\,kg/cm^2$, nach Abschluss des verstärkten Anfangskriechens, konstante Parameter gemäss Tabelle Seite 162.

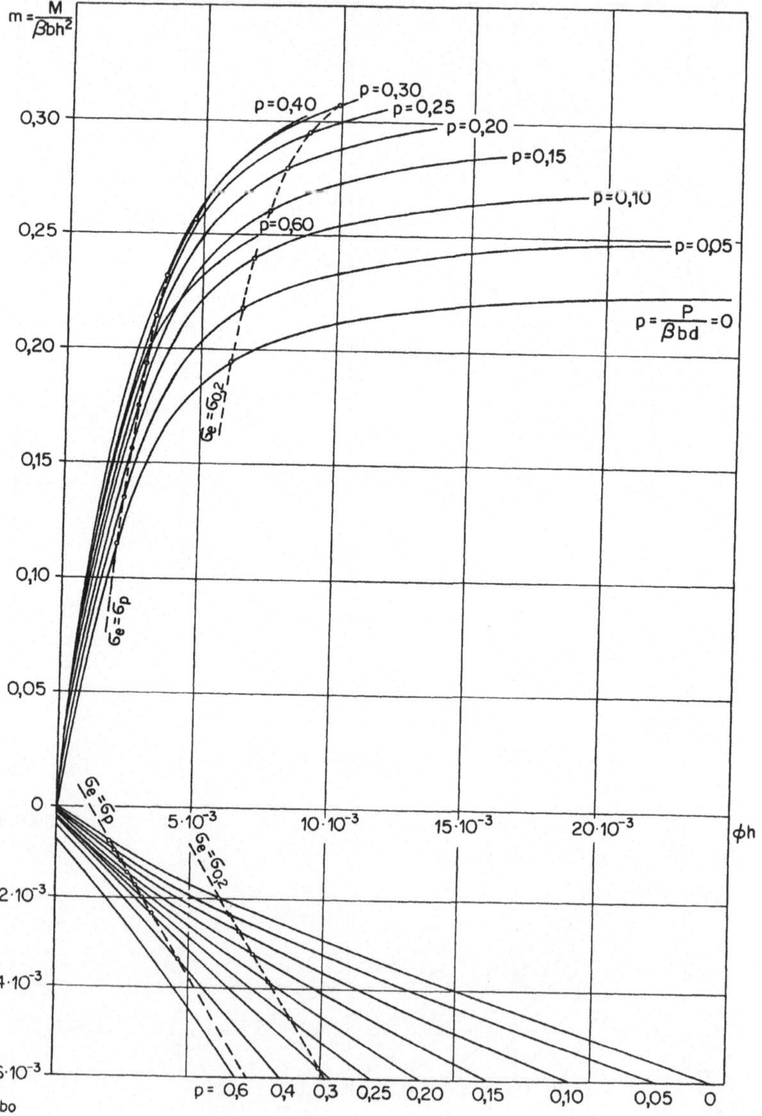

Bild A5: M-ϕ-ϵ_{bo}-Grundbeziehungen, $\beta = 300\,\mathrm{kg/cm^2}$, nach Abschluss des verstärkten Anfangskriechens, konstante Parameter gemäss Tabelle Seite 162.

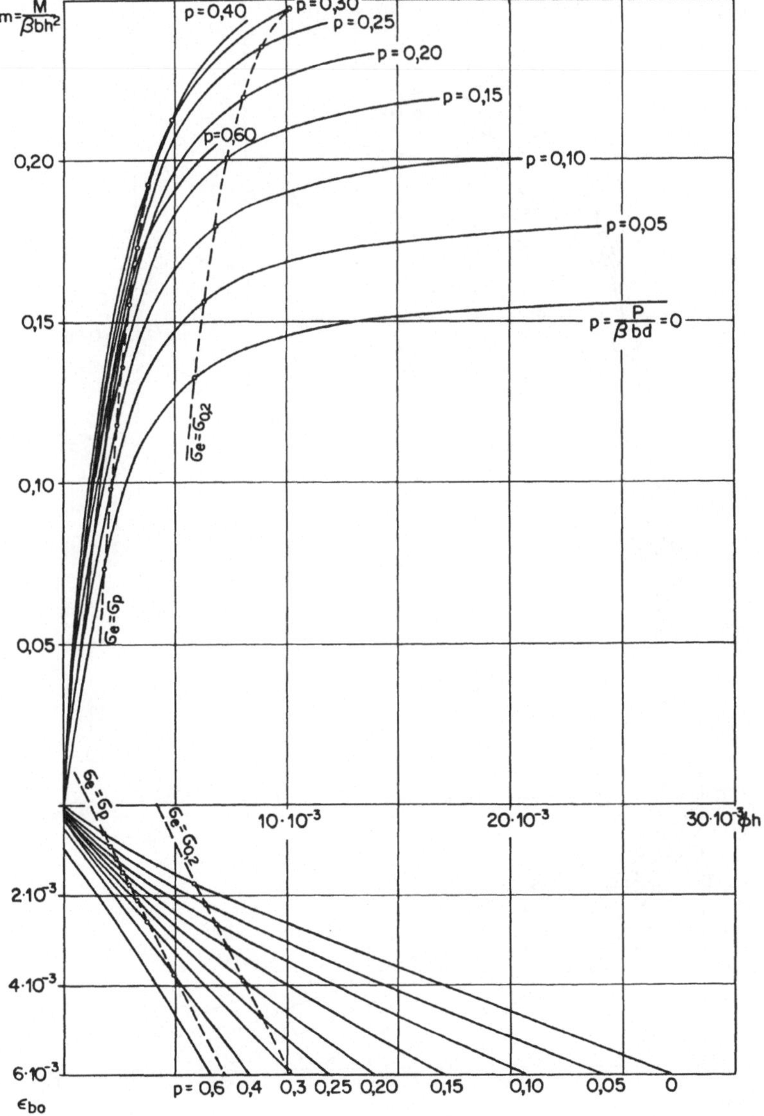

Bild A6: M-ϕ-ϵ_{bo}-Grundbeziehungen, β = 400 kg/cm², nach Abschluss des verstärkten Anfangskriechens, konstante Parameter gemäss Tabelle Seite 162.

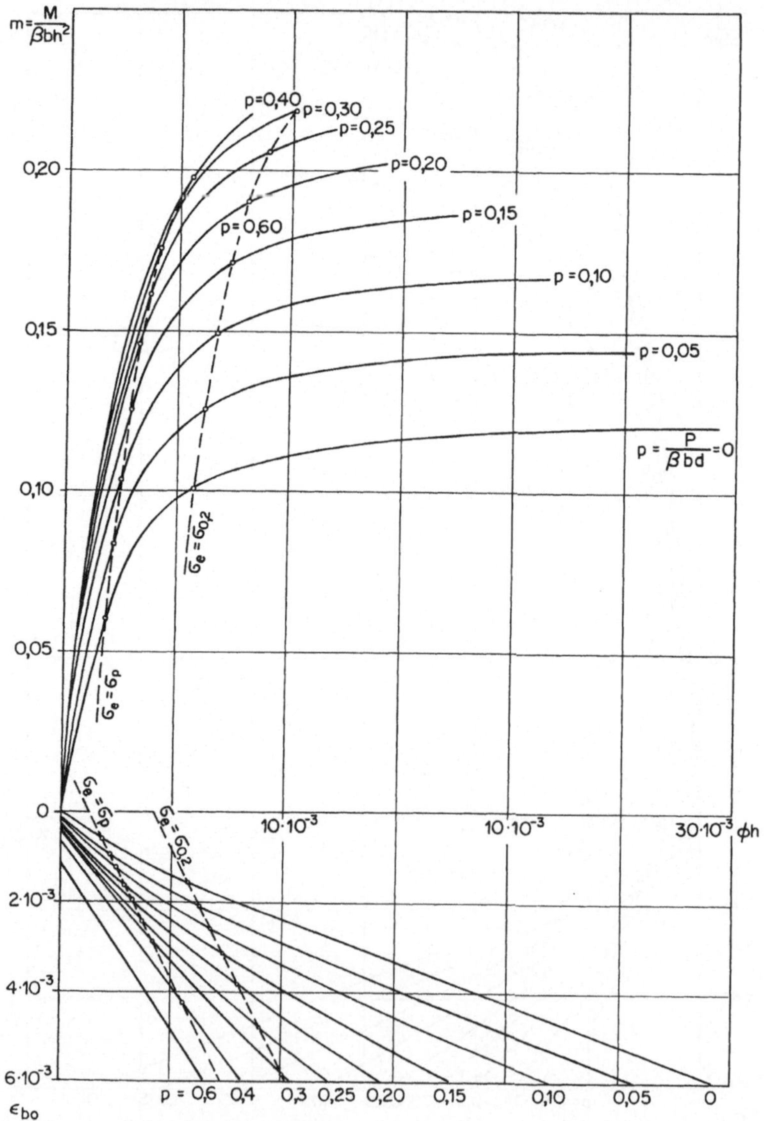

Bild A7: M-ϕ-ϵ_{bo}-Grundbeziehungen, $\beta = 200\,\text{kg/cm}^2$, nach Abschluss des Kriechens ($t = \infty$), konstante Parameter gemäss Tabelle Seite 162.

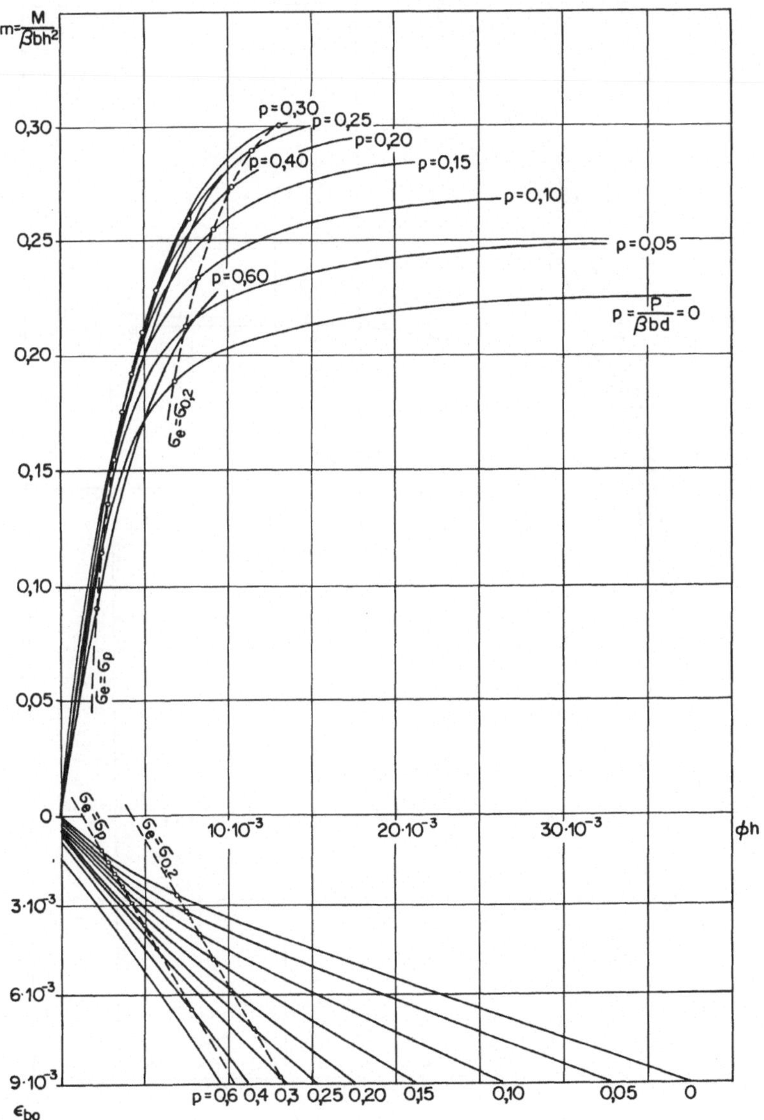

Bild A8: M-ϕ-ϵ_{bo}-Grundbeziehungen, $\beta = 300$ kg/cm², nach Abschluss des Kriechens ($t = \infty$), konstante Parameter gemäss Tabelle Seite 162.

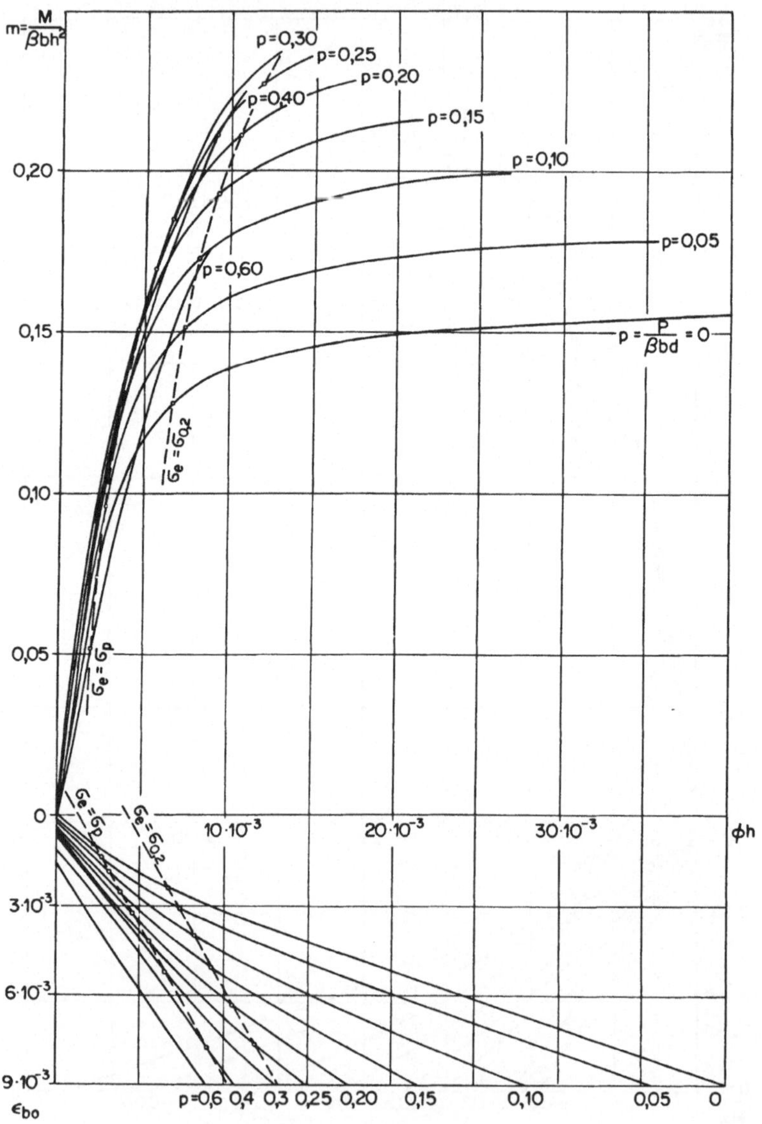

Bild A9: M-ϕ-ϵ_{bo}-Grundbeziehungen, $\beta = 400\,kg/cm^2$, nach Abschluss des Kriechens ($t = \infty$), konstante Parameter gemäss Tabelle Seite 162.

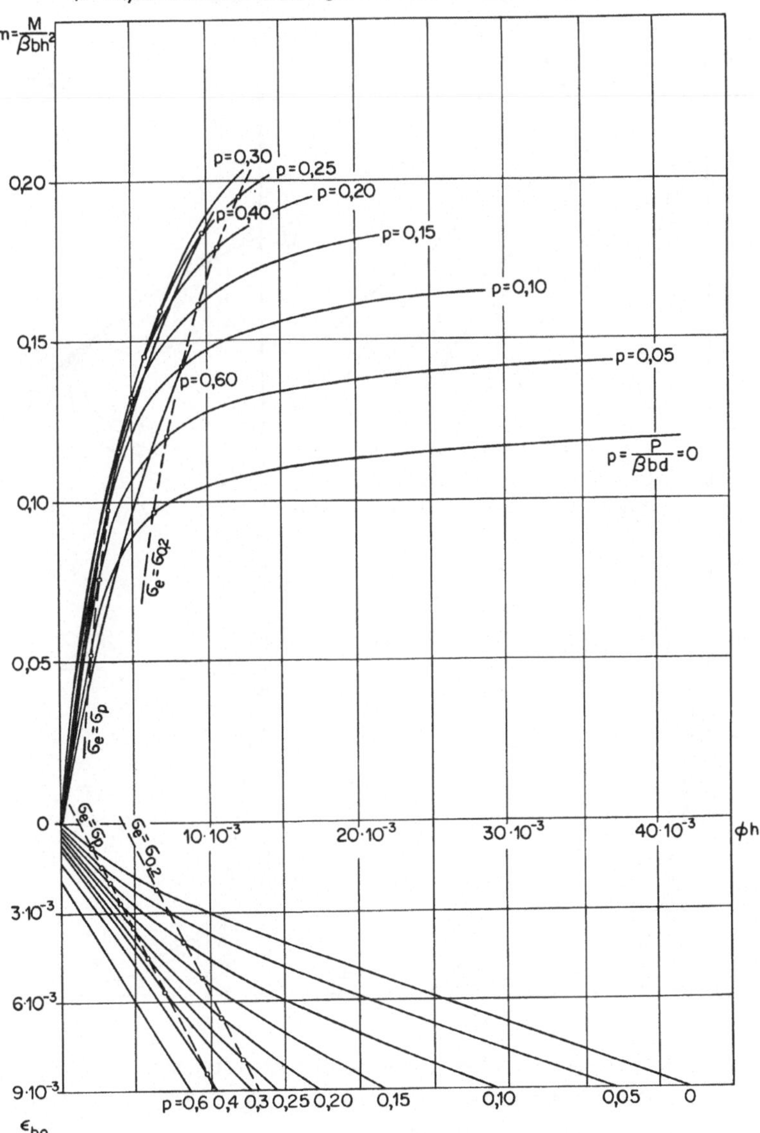

ANHANG B

Interaktionsbeziehungen (ohne Kriecheinfluss, Betonzugzone nicht berücksichtigt)

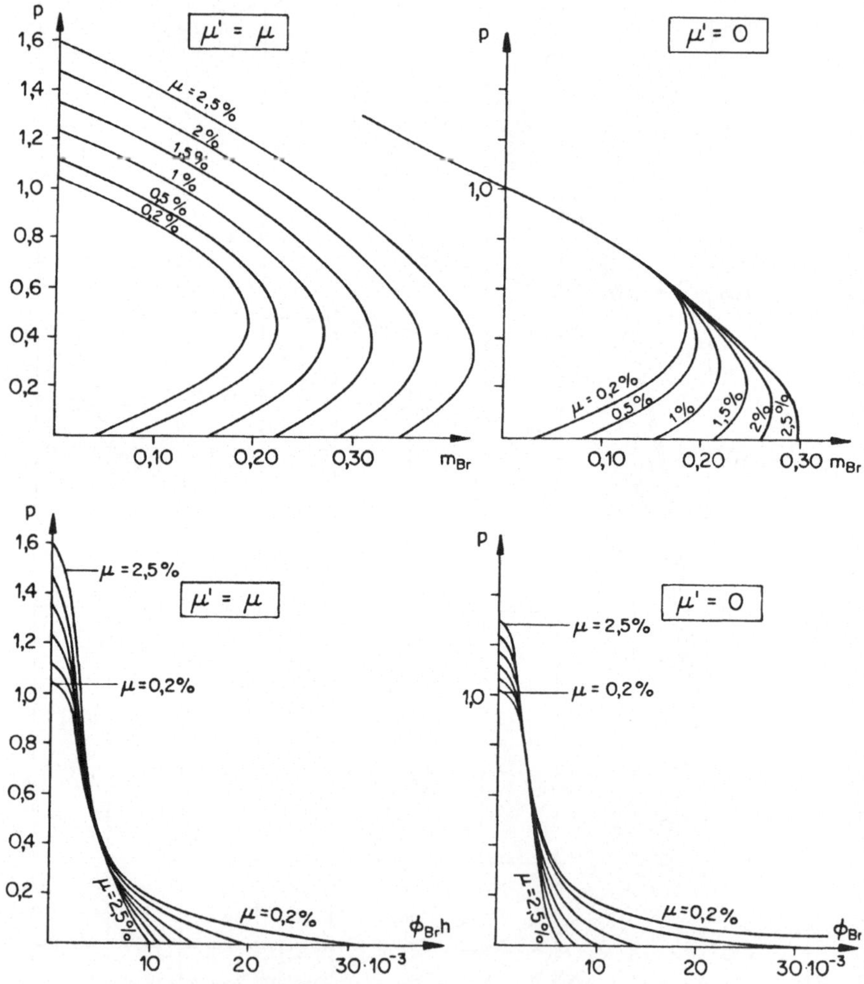

Bild B1 : Beziehungen zwischen axialer Druckkraft p , Bruchmoment m_{Br} und Bruchkrümmung ϕ_{Br}. $\beta = 300\,kg/cm^2$, $\epsilon_{Br} = 0,3\%$, übrige Parameter gemäss Tabelle Seite 162.

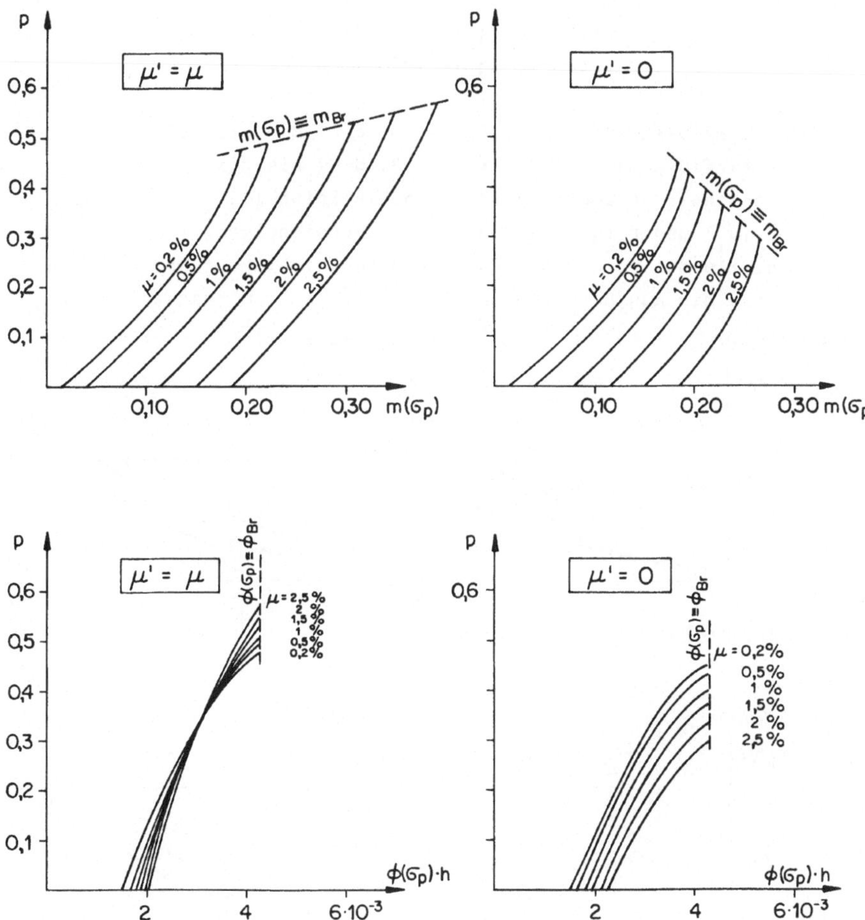

Bild B2: Beziehungen zwischen axialer Druckkraft p, Moment $m(\sigma_e = \sigma_p)$ und Krümmung $\phi(\sigma_e = \sigma_p)$. $\beta = 300\,\text{kg/cm}^2$, übrige Parameter gemäss Tabelle Seite 162.

ANHANG C

Parametereinflussfunktionen $\zeta_m(q_i)$ und $\zeta_\phi(q_i)$

$$v(m) = \zeta_m(q_i) \cdot v(q_i)$$
$$v(\phi) = \zeta_\phi(q_i) \cdot v(q_i)$$

- Einflüsse auf m_{Br} , ϕ_{Br} : Bild C1 bis Bild C6
- Einflüsse auf $m(\sigma_p)$, $\phi(\sigma_p)$: Bild C7 bis Bild C11

Konstante Parameter gemäss Tabelle Seite 162, $\beta = 300$ kg/cm^2.
$\zeta_m(q_i)$ und $\zeta_\phi(q_i)$ wurden ohne Berücksichtigung eines Kriecheinflusses berechnet. Für die Berücksichtigung des Kriechens
sind die Ausführungen des Abschnitts 6.7 zu beachten.

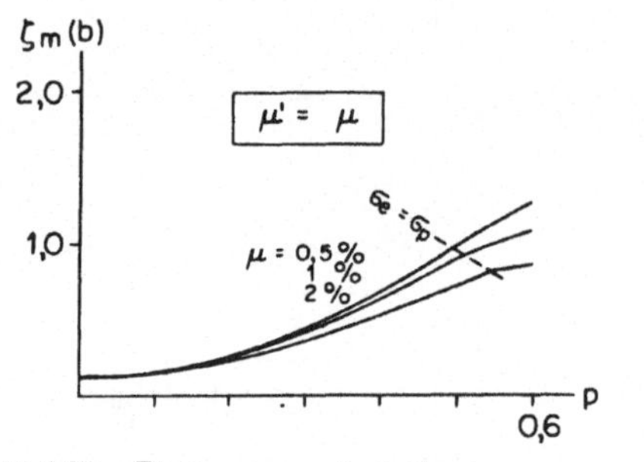

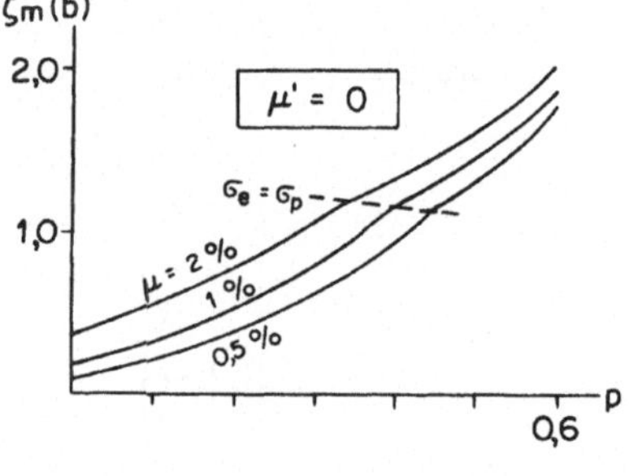

Bild C1: Einfluss von b auf m_{Br}

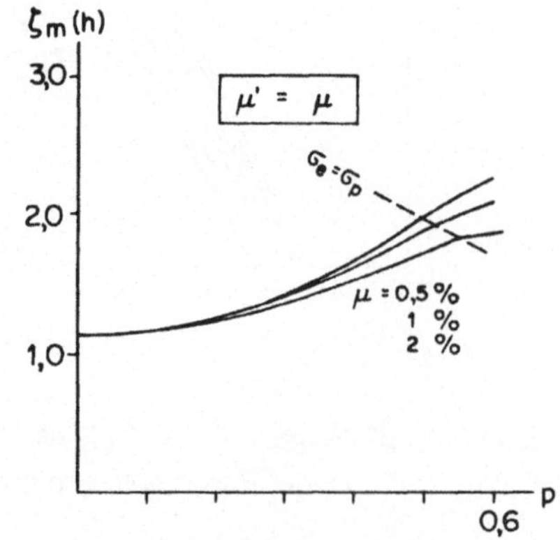

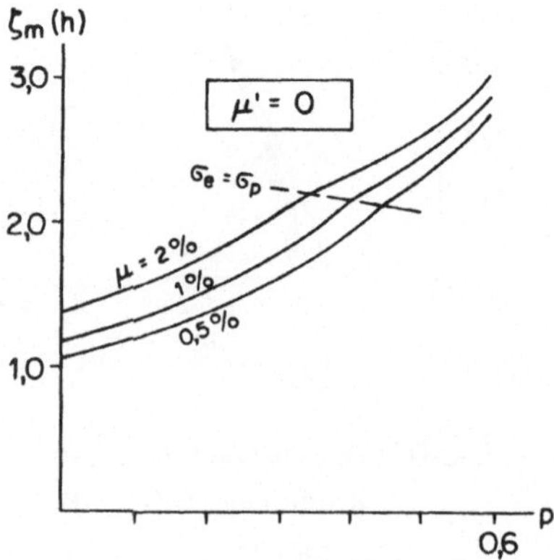

Bild C2: Einfluss von h auf m_{Br}

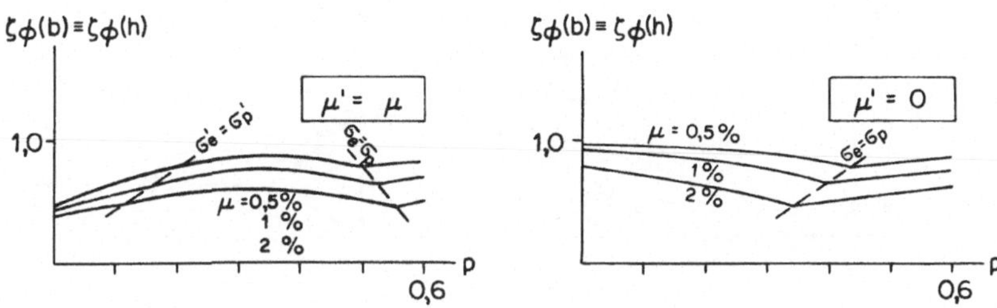

Bild C3: Die Einflüsse von b und h auf ϕ_{Br} sind identisch

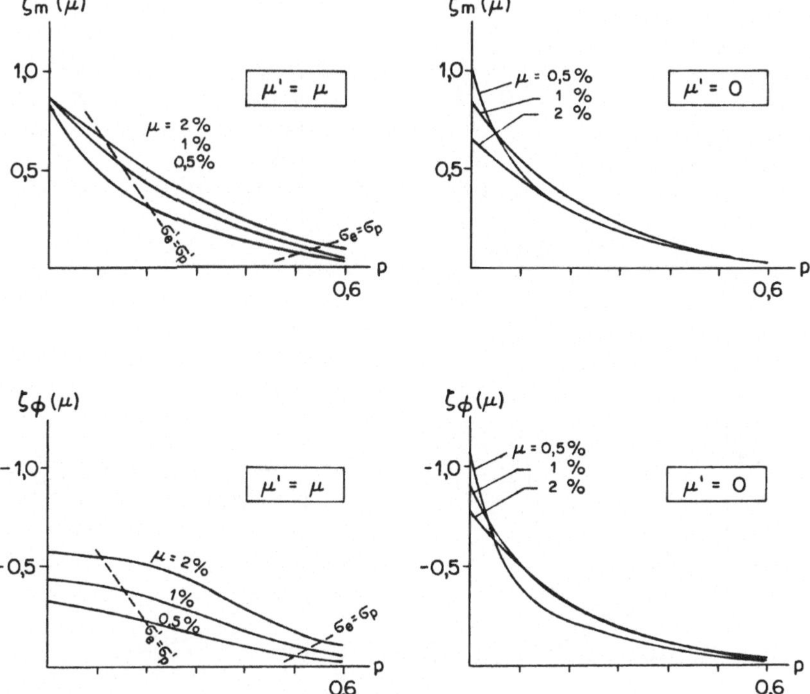

Bild C4.: Einfluss von μ auf m_{Br} und ϕ_{Br}

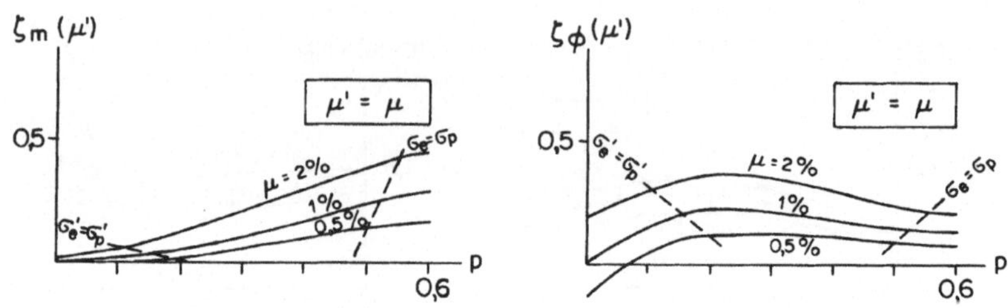

Bild C5: Einfluss von μ' auf m_{Br} und ϕ_{Br}

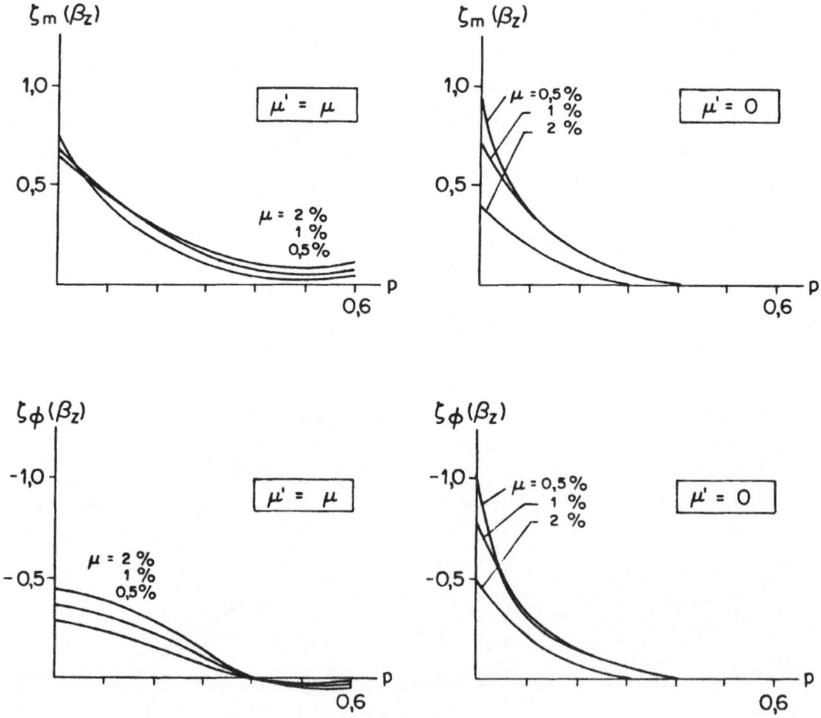

Bild C6: Einfluss von β_z auf m_{Br} und ϕ_{Br}

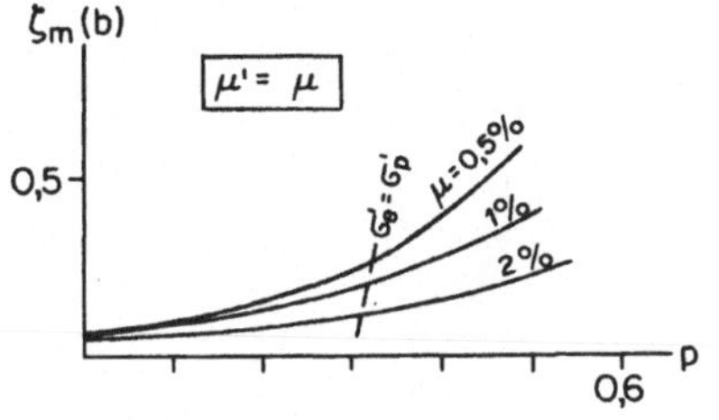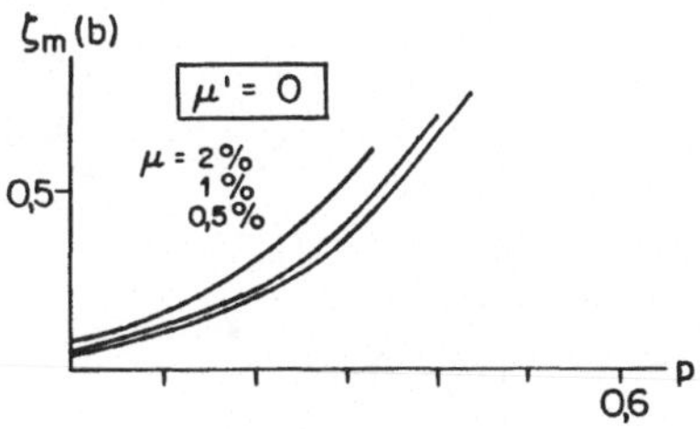

Bild C7: Einfluss von b auf m (σ_p)

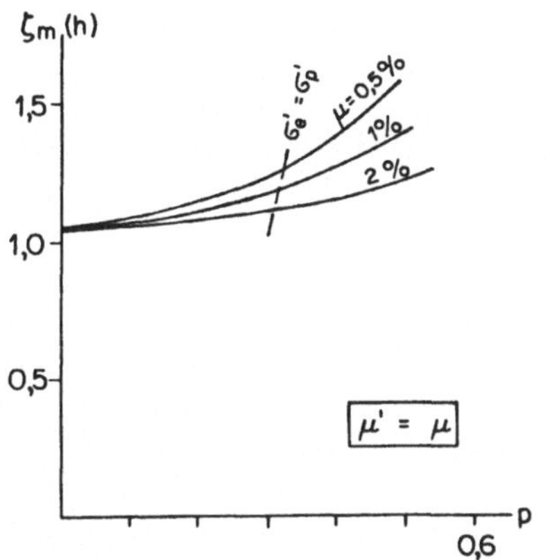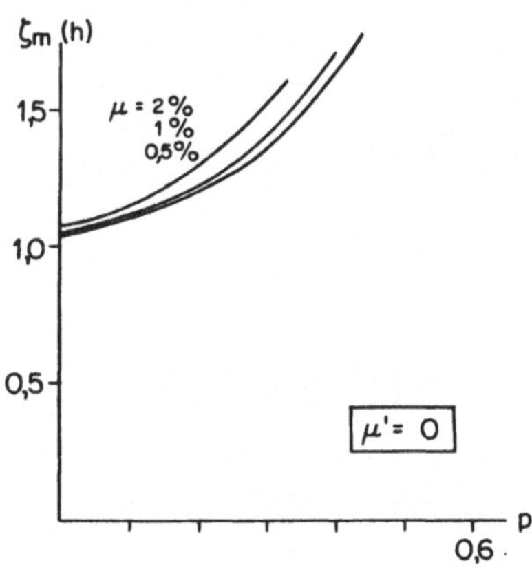

Bild C8: Einfluss von h auf m (σ_p)

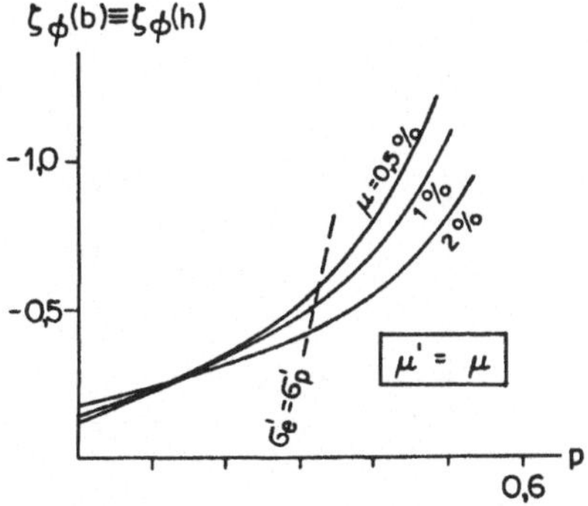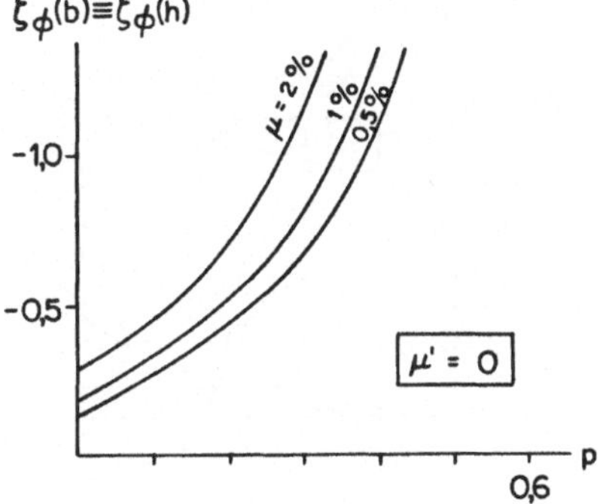

Bild C9: Die Einflüsse von b und h auf ϕ (σ_p) sind identisch

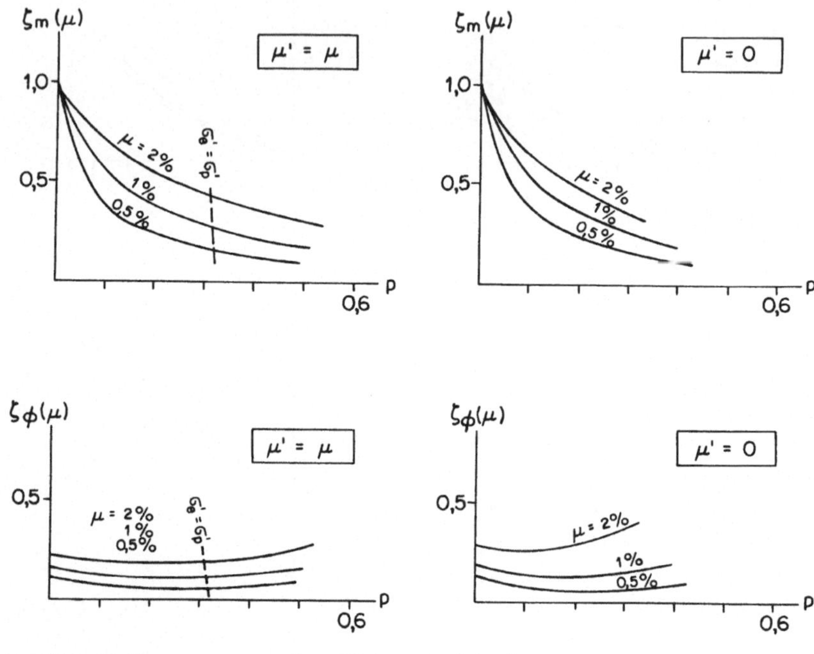

Bild C 10: Einfluss von μ auf $m(\sigma_p)$ und $\phi(\sigma_p)$

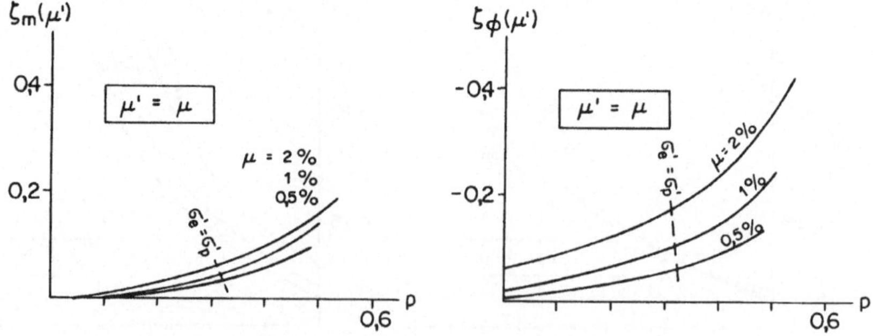

Bild C 11: Einfluss von μ' auf $m(\sigma_p)$ und $\phi(\sigma_p)$

BEZEICHNUNGEN

Längen, Flächen und Querschnittswerte

b	Querschnittsbreite
d	Querschnittshöhe
h	statische Nutzhöhe
h'	Abstand des Schwerpunktes der Druckarmierung vom Druckrand *)
l	Stützenlänge
l_k	Knicklänge der Stütze
i	Trägheitsradius
e	Exzentrizität der aufgebrachten Last
x_1	Abstand der Nullinie vom Druckrand
x_s	Abstand der Betondruckkraft vom Druckrand
x_o	Abstand der Nullinie von der Mittelaxe des Querschnitts
$b_w(0,t_1)$	wirksame, reduzierte Querschnittsbreite zur Berücksichtigung des Kriecheinflusses im Zeitintervall $t = 0$ bis $t = t_1$
a_i	Abstand der ideellen Schweraxe vom Betondruckrand
a_s	Abstand des Schwerpunktes der gesamten Armierung vom Betondruckrand
e_s	Exzentrizität der fiktiven Schwindkraft (Differenz zwischen a_s und a_i)
e_u	ungewollte Exzentrizität
e_{cr}	kritische Exzentrizität zur Zeit $t = 0$, bei der infolge Kriechen unter konstanter axialer Druckkraft für $t \to t_\infty$ eine Instabilität eintreten wird
e_{max}	Exzentrizität beim Uebergang von der stabilen in die labile Gleichgewichtslage

I_{is} ideelles Trägheitsmoment für die Berechnung der Schwindkrümmung

y Ordinate der Gleichgewichtskurve (CDC)

w Durchbiegungsordinate

w_R Durchbiegungsordinate, Rechnungswert

w_M Durchbiegungsordinate, Messwert

w_u ungewollte Auslenkung der Stützenaxe

w_o Durchbiegungsordinate unmittelbar bei der Lastaufbringung eintretend

w_k Durchbiegungsordinate infolge Kriechen

w_s Durchbiegungsordinate infolge Schwinden

w_m Durchbiegungsordinate in Stützenmitte

F_b Betonfläche

F_e gesamte Querschnittsfläche der Zugarmierung   *)

F'_e gesamte Querschnittsfläche der Druckarmierung   *)

Kräfte und Momente
____

P Normalkraft

$p = \dfrac{P}{\beta b d}$ bezogene Normalkraft

M Biegemoment um die Mittelaxe des Querschnitts

$m = \dfrac{M}{\beta b h^2}$ bezogenes Biegemoment

---

*) Die Bezeichnungen "Zugrand" und "Zugarmierung" werden aus praktischen Gründen auch dann beibehalten, wenn die Nulllinie ausserhalb des Querschnittes liegt. In diesem Fall bedeuten diese Bezeichnungen den schwächer gedrückten Rand, bzw. die schwächer gedrückte Armierung.

M_R Rissmoment

$m_R = \dfrac{M_R}{\beta bh^2}$ bezogenes Rissmoment

P_b Gesamtkraft der Betondruckzone

P_{bz} Gesamtkraft der Betonzugzone

P_{bo} ideelle Betondruckkraft der ideellen Betonfläche $b \cdot x_1$ (für $x_1 > d$)

P_{bu} ideelle Betonzugkraft der ideellen Betonfläche $b \cdot (x_1 - d)$ (für $x_1 > d$)

P_e Gesamtkraft der Zugarmierung

P_e' Gesamtkraft der Druckarmierung

P_s fiktive Schwindkraft (= $\varepsilon_s\, E_e\, F_e$)

P_s' fiktive Schwindkraft (= $\varepsilon_s\, E_e\, F_e'$)

P_{bs} fiktive Schwindkraft (= $\varepsilon_s\, E_b\, F_b$)

M_b Moment der Betondruckkraft um die Mittelaxe des Querschnitts

M_{bz} Moment der Betonzugkraft um die Mittelaxe des Querschnitts

M_{bo} Moment der ideellen Betondruckkraft um die Mittelaxe des Querschnitts

M_{bu} Moment der ideellen Betonzugkraft um die Mittelaxe des Querschnitts

M_e Moment der Gesamtkraft der Zugarmierung um die Mittelaxe des Querschnitts

M_e' Moment der Gesamtkraft der Druckarmierung um die Mittelaxe des Querschnitts

M_{Br} Moment beim Erreichen der Betonbruchstauchung ε_{br}

$M(\sigma_p)$ Moment beim Erreichen der Proportionalitätsgrenze in der Zugarmierung

M_u Moment infolge ungewollter Exzentrizität

M_a Moment aus äusserer Druckkraft

M_i Moment aus inneren Kräften

$$\left.\begin{array}{ll} p_b & , \ p_{bz} \\ p_{bo} & , \ p_{bu} \\ p_e & , \ p_e' \\ p_s & , \ p_s' \\ p_{bs} & \end{array}\right\} \text{bezogene Kräfte}$$

$$\left.\begin{array}{ll} m_b & , \ m_{bz} \\ m_{bo} & , \ m_{bu} \\ m_e & , \ m_e' \\ m_{Br} & , \ m(\sigma_p) \\ m_u & \end{array}\right\} \text{bezogene Momente}$$

Festigkeitswerte und Spannungen

E_e Elastizitätsmodul des Stahls

E_b Elastizitätsmodul des Betons

β_w Würfeldruckfestigkeit des Betons

$\bar{\beta}_{w7}$ Mittel der Würfeldruckfestigkeit des Betons
im Alter von 7 Tagen

β Prismendruckfestigkeit des Betons im Kurzzeitversuch (wurde ebenfalls für die Festigkeit der
Druckzone verwendet)

β_∞ Prismendruckfestigkeit des Betons im Langzeit-
versuch (wurde ebenfalls für die Festigkeit der
Druckzone verwendet)

β_{bz} — Biegzugfestigkeit des Betons

β_{qz} — Querzugfestigkeit des Betons $(\cong \frac{1}{2} \div \frac{2}{3} \beta_{bz})$

σ_{bz} — Zugfestigkeit des Betons

σ_b — Betonspannung

σ_{bo} — Betonspannung am Druckrand

σ_{bm} — Mittelwert der Spannungen in der Betondruckzone

$\sigma_{bw}(0,t_1)$ — wirksame, mittlere Spannung in der Betondruckzone im Zeitintervall $t = 0$ bis $t = t_1$

σ_e — Stahlspannung in der Zugarmierung

σ_e' — Stahlspannung in der Druckarmierung

β_z — Zugfestigkeit des Stahls

σ_f , σ_f' — Fliessspannung des gezogenen, bzw. gedrückten Stahls

$\sigma_{0.2}$ — Streckgrenze des Stahls (0.2 % bleibende Dehnung)

σ_p , σ_p' — Proportionalitätsgrenze des gezogenen, bzw. gedrückten Stahls

$\Delta\sigma_1$ — Differenz zwischen β_z und σ_p

$\Delta\sigma_2$ — Differenz zwischen $E_e \cdot \varepsilon_e$ und σ_p (für $|\varepsilon_e| > |\varepsilon_p|$)

σ_{eR} — Stahlspannung, Rechnungswert

σ_{eM} — Stahlspannung, Messwert

Dehnungen und Krümmungen

ε_b — Betondehnung bzw. Betonstauchung

ε_{bo} — Betonstauchung am Druckrand

ε_{bu} — Betondehnung bzw. Betonstauchung am Zugrand

ε_{bon} — nomineller Wert der Betonstauchung am Druckrand

$\varepsilon_{b1} = \dfrac{2\beta}{E_b}$ — Betonstauchung beim Erreichen der maximalen Betonspannung (nach SIA Norm Nr. 162)

ε_{Br} — Betonbruchstauchung

$\varepsilon_{b\,el}$ — Betondehnung bzw. Betonstauchung elastisch berechnet

ε_{boR} — Betonrandstauchung beim Rissmoment (am ungerissenen Querschnitt berechnet)

$\Delta\varepsilon_{boR}$ — Differenz zwischen ε_{bo} beim Rissmoment (am gerissenen Querschnitt berechnet) und ε_{boR}

$\varepsilon_k(t)$ — Kriechstauchung des nichtarmierten, zentrisch gedrückten Betonprismas

$\varepsilon_{bk}(t)$ — Kriechstauchung des armierten, zentrisch gedrückten Betonquerschnitts

$\varepsilon_{bok}(t)$ — Betonrandstauchung infolge Kriechen

$\varepsilon_{ek}(t)$ — Stahldehnung infolge Kriechen

$\varepsilon_s(t)$ — Schwindverkürzung des nichtarmierten Betonprismas

$\varepsilon_{bs}(t)$ — Schwindverkürzung des symmetrisch armierten, ungerissenen Betonquerschnitts

$\varepsilon_{bos}(t)$ — Betonrandverkürzung infolge Schwinden

$\varepsilon_{es}(t)$ — Stahldehnung infolge Schwinden

ε_e — Dehnung der Zugarmierung

ε_e' — Stauchung der Druckarmierung

ε_{en} — nomineller Wert der Dehnung der Zugarmierung

ε_{en}' — nomineller Wert der Stauchung der Druckarmierung

$\varepsilon_{0.2}$ — Stahldehnung unter der Spannung $\sigma_{0.2}$

$\varepsilon_p = \dfrac{\sigma_p}{E_e}$ — Stahldehnung unter der Spannung σ_p

$\varepsilon_f = \dfrac{\sigma_f}{E_e}$ — Fliessdehnung

ε_{eR} — Dehnung der Zugarmierung beim Rissmoment (am ungerissenen Querschnitt berechnet)

$\Delta\varepsilon_{eR}$ — Differenz zwischen ε_e beim Rissmoment (am gerissenen Querschnitt berechnet) und ε_{eR}

$\dot{\varepsilon}_b = \dfrac{d\varepsilon_b(t)}{dt}$ — Betonstauchungsgeschwindigkeit

$\dot{\varepsilon}_k = \dfrac{d\varepsilon_k(t)}{dt}$ — Kriechstauchungsgeschwindigkeit

$\dot{\varepsilon}_{km}$ — mittlere Kriechstauchungsgeschwindigkeit in einem Zeitintervall

ρ — Krümmungsradius

$\phi = \dfrac{1}{\rho}$ — Krümmung

ϕ_n — nomineller Wert der Krümmung

ϕ_R — Krümmung beim Rissmoment (am ungerissenen Querschnitt berechnet)

$\Delta\phi_R$ — Differenz zwischen ϕ beim Rissmoment (am gerissenen Querschnitt berechnet) und ϕ_R

ϕ_u — Krümmung aus ungewollter Auslenkung der Stützenaxe

$\phi_k(t)$ — Kriechkrümmung

$\phi_s(t)$ — Schwindkrümmung

ϕ_{Br} — Krümmung beim Erreichen der Betonbruchstauchung ε_{Br}

$\phi(\sigma_p)$ — Krümmung beim Erreichen der Proportionalitätsgrenze in der Zugarmierung

Weitere dimensionslose Grössen

$\gamma = \dfrac{d}{h}$ — Querschnittsparameter

$\gamma' = \dfrac{d}{h'}$ — Querschnittsparameter

$\delta = \dfrac{h'}{h}$ — Querschnittsparameter

$\mu = \dfrac{F_e}{bh}$ — Armierungsgehalt der Zugzone

$\mu' = \dfrac{F'_e}{bh}$ — Armierungsgehalt der Druckzone

$\mu_w(0,t_1)$ — wirksamer Zugarmierungsgehalt im Zeitintervall $t = 0$ bis $t = t_1$ bei Berücksichtigung des Kriecheinflusses

$\mu'_w(0,t_1)$ — wirksamer Druckarmierungsgehalt im Zeitintervall $t = 0$ bis $t = t_1$ bei Berücksichtigung des Kriecheinflusses

$n = \dfrac{E_e}{E_b}$ — Wertigkeit

n_s — reduzierte Wertigkeit für die Berechnung von Schwindverformungen

$\lambda = \dfrac{n\mu}{1+n\mu}$ — Querschnittsfaktor zur Berechnung von Kriechverformungen

$\lambda = \dfrac{l_k}{i}$ — Schlankheitsgrad

$\varphi(t)$ — Kriechzahl (zeitabhängig)

φ_∞ — Endkriechzahl

$C_1(t),\ C_2(t)$ — Konstanten zur Bestimmung der spannungsabhängigen Kriechfunktion

$\eta_{\varepsilon_b}(t)$ — Kriechstauchungskoeffizient

$\eta_\phi(t)$ — Kriechkrümmungskoeffizient

$\eta_{\phi s}(t)$ — Schwindkrümmungskoeffizient

$k_v = \dfrac{P_b}{\beta b x_1}$ — Völligkeitskoeffizient der Betondruckzone

$k_s = \dfrac{x_s}{x_1}$ — Schwerpunktskoeffizient der Betondruckkraft

$\kappa(0,t_1)$ — Breitenreduktionsfaktor für das Zeitintervall $t = 0$ bis $t = t_1$

θ	Neigung der Biegelinie
θ_o	Stabenddrehwinkel

Statistische und wahrscheinlichkeitstheoretische Bezeichnungen

x_i	Einzelwert i
n	Anzahl Einzelwerte
$\bar{x}$	Durchschnitt
f	Freiheitsgrad der Stichprobe
q	Summe der Quadrate der Abweichungen der n Einzelwerte von ihrem Durchschnitt
q_i	Einflussparameter (allgemeine Bezeichnung)
s	Streuung (Standardabweichung)
s_f	Streuung einer Funktion
$s(q_i)$	Streuung des Parameters q_i
v	Variationskoeffizient
W	Wahrscheinlichkeit
u_W	Abszissenwert der Normalverteilung für die Wahrscheinlichkeit W
t_W	Abszissenwert der t - Verteilung für die Wahrscheinlichkeit W
x_W^2	Abszissenwert der χ^2 - Verteilung für die Wahrscheinlichkeit W
$\bar{x}_{o,u}$	obere bzw. untere Vertrauensgrenze des Durchschnitts
$a_W^{o,u}$	obere bzw. untere Vertrauensgrenze einer Funktion für die Wahrscheinlichkeit W
$c_1 = tg\ \alpha_1$	Neigung der m - ϕ - Kurve im Zentrum $A_1(\phi(\sigma_p),m(\sigma_p))$ der Wahrscheinlichkeitsellipse

$c_2 = \mathrm{tg}\ \alpha_2$ — Neigung der m - ϕ - Kurve im Zentrum $A_2(\phi_{Br}, m_{Br})$ der Wahrscheinlichkeitsellipse

a_1, b_1 — grosse bzw. kleine Halbaxe der Wahrscheinlichkeitsellipse in $A_1(\phi(\sigma_p), m(\sigma_p))$

a_2, b_2 — grosse bzw. kleine Halbaxe der Wahrscheinlichkeitsellipse in $A_2(\phi_{Br}, m_{Br})$

ω — Neigungswinkel zwischen Korrelationsellipsenaxe und Abszisse

$\zeta_\phi(q_i)$ — Einflussfunktion für $\phi(\sigma_p)$ bzw. für ϕ_{Br} infolge des Parameters q_i

$\zeta_m(q_i)$ — Einflussfunktion für $m(\sigma_p)$ bzw. für m_{Br} infolge des Parameters q_i

LITERATURVERZEICHNIS

[1] THUERLIMANN B., ZIEGLER H.: "Plastische Berechnungsmetho-
    den." Autographie der Vorlesungen zum Fortbildungskurs
    für Bau- und Maschineningenieure, ETH, Zürich 1963.

[2] BACHMANN H.: "Zur plastizitätstheoretischen Berechnung
    statisch unbestimmter Stahlbetonbalken." Dissertation
    ETH, Institut für Baustatik, ETH, Zürich 1967.

[3] RAO P. S.: "Die Grundlagen zur Berechnung der bei sta-
    tisch unbestimmten Stahlbetonkonstruktionen im plasti-
    schen Bereich auftretenden Umlagerungen der Schnitt-
    kräfte." Deutscher Ausschuss für Stahlbeton, Heft Nr. 177,
    Berlin 1966.

[4] REHM G.: "Ueber die Grundlagen des Verbundes zwischen Stahl
    und Beton." Deutscher Ausschuss für Stahlbeton, Heft
    Nr. 138, Berlin 1961.

[5] KUUSKOSKI V.: "Ueber die Haftung zwischen Beton und Stahl."
    The State Institute for Technical Research, Finland,
    Helsinki 1950.

[6] BROMS B.: "Technique for Investigation of Internal Cracks
    in Reinforced Concrete Members." Journal of the American
    Concrete Institute, January 1965.

    "Stress Distribution in Reinforced Concrete Members with
    Tension Cracks." Journal of the American Concrete Insti-
    tute, September 1965.

    "Crack Width and Crack Spacing in Reinforced Concrete
    Members." Journal of the American Concrete Institute,
    October 1965.

"Effects of Arrangement of Reinforcement on Crack
Width and Spacing of Reinforced Concrete Members."
Journal of the American Concrete Institute, November
1965.

[7]   RAMU P.: "Langzeitversuche an Stahlbetonstützen." Bericht Nr. 19, Institut für Baustatik, ETH, Zürich,
November 1967.

"Versuchsanlage zur Prüfung von Stützen unter Dauerlast."
Bericht Nr. 16, Institut für Baustatik, ETH, Zürich,
September 1968.

RAMU P., GRENACHER M., BAUMANN M., THUERLIMANN B.:
"Versuche an gelenkig gelagerten Stahlbetonstützen un-
ter Dauerlast." Bericht Nr. 6418 - 1, Institut für
Baustatik, ETH, Zürich, Mai 1969.

[8]   LINDER A.: "Statistische Methoden." 4. Auflage, Birk-
häuser Verlag, Basel und Stuttgart 1964.

[9]   RASCH C.: "Spannungs-Dehnungs-Linien des Betons und
Spannungsverteilung in der Biegedruckzone bei konstan-
ter Dehngeschwindigkeit." Deutscher Ausschuss für
Stahlbeton, Heft Nr. 154, Berlin 1962.

[10] MAYER H.: "Die Berechnung der Durchbiegung von Stahl-
betonbauteilen." Deutscher Ausschuss für Stahlbeton,
Heft Nr. 194, Berlin 1967.

[11] JENSEN S., RICHART E.: "Short-Time Creep of Concrete
in Compression." Proceedings of the American Society
for Testing Materials (ASTM), Volume 38, Part II.,
Philadelphia 1938.

-191-

[12] WAGNER O.: "Das Kriechen unbewehrten Betons." Deutscher
Ausschuss für Stahlbeton, Heft Nr. 131, Berlin 1958.

[13] Schweizerischer Ingenieur- und Architekten-Verein (SIA):
"Norm für die Berechnung, Konstruktion und Ausführung
von Bauwerken aus Beton, Stahlbeton und Spannbeton."
Norm Nr. 162, SIA, Zürich 1968.

[14] Comité européen du béton (CEB): "Recommandations pratiques
unifiées pour le calcul et l'exécution des ouvrages en
béton armé." CEB, Paris 1964.

[15] SELL R.: "Investigations into the strength of concrete
under sustained load." RILEM Bulletin No. 5, Paris 1959.

[16] MANUEL R. F., MAC GREGOR J. G.: "Analysis of Restrained
Reinforced Concrete Columns Under Sustained Load." Journal of the American Concrete Institute, January 1967.

[17] DISCHINGER F.: "Untersuchungen über die Knicksicherheit,
die elastische Verformung und das Kriechen des Betons
bei Bogenbrücken." Bauingenieur, Heft Nr. 33/34, Berlin
1937 und Bauingenieur, Heft Nr. 5/6, Berlin 1939.

[18] THUERLIMANN B.: Vorlesung Massivbau II. Eidgenössische
Technische Hochschule, Zürich.

[19] BLAUT H.: "Ueber den Zusammenhang zwischen Qualität und
Sicherheit im Betonbau." Deutscher Ausschuss für Stahlbeton, Heft Nr. 149, Berlin 1962.

[20] BASLER E.: "Untersuchungen über den Sicherheitsbegriff
von Bauwerken." Dissertation ETH, Zürich 1960.

[21] KNOLL F.: "Grundsätzliches zur Sicherheit der Tragwerke."
Dissertation ETH, Zürich 1965.

[22] HENZEL J., GRUBE H.: "Festigkeitsuntersuchungen an Bau-
werksbeton und zugehörigen Gütewürfeln." Der Bauingenieur,
Heft Nr. 12, Berlin 1966.

[23] WINDELS R.: "Graphische Hilfsmittel zur Bemessung von
Stahlbetonstützen bei Knickgefahr." Beton und Stahlbetonbau, Heft Nr. 5, Berlin 1968.

[24] WARNER R. F., KABAILA A. D.: "Monte Carlo Simulation
of variable material response." UNICIV Report No. 36,
University of New South Wales, Kensington, Australia
1968.

[25] GALAMBOS T. V.: "Structural Members and Frames."
Prentice-Hall Series in Structural Analysis and Design.
Prentice-Hall, inc. Englewood Cliffs, New Jersey, USA,
1968.

[26] HOLLEY M. J., MAUCH S. P.: "Creep Buckling of Reinforced
Concrete Columns." Research Report R 63 - 7, Massachusetts
Institute of Technology, Cambridge 39, Massachusetts 1963.

[27] ENGLAND G. L.: "Numerical Creep Analyses Applied to
Concrete Structures." Journal of the American Concrete
Institute, June 1967.